AF638561

DEUTSCHE MARINEFLIEGER

1913 BIS HEUTE

Ulf Kaack

Motor
buch
Verlag

Impressum

Einbandgestaltung: Frank Zähringer
Gestaltung der Einlage: Horst Pawlikowski,
Farbsatz Mediengestaltung, Weyhe
Lektorat: Alexander Burden
Korrektorat: Manuel Miserok
Druck und Bindung: Multiprint Ltd.,
Slavyanska Str. 10A, 2230, Kostinbrod, Bulgarien
Printed in Bulgaria

ISBN: 978-3-613-04354-1

Copyright © by Motorbuch Verlag, Postfach 103743, 70032 Stuttgart. Ein Unternehmen der Paul Pietsch-Verlage GmbH & Co. KG, www.motorbuch-verlag.de

1. Auflage 2021

Die Deutsche Nationalbibliothek verzeichnet diese Publikation in der Deutschen Nationalbibliografie. Detaillierte bibliografische Daten sind im Internet über http://dnb.dnb.de abrufbar.

Alle in diesem Buch enthaltenen Angaben und Daten wurden vom Autor nach bestem Wissen erstellt und von ihm sowie vom Verlag mit der gebotenen Sorgfalt überprüft.

Nachdruck, auch einzelner Teile, ist verboten. Das Urheberrecht und sämtliche weiteren Rechte sind dem Verlag vorbehalten. Übersetzung, Speicherung, Vervielfältigung und Verbreitung einschließlich Übernahme auf elektronische Datenträger wie DVD, CD-ROM usw. sowie Einspeicherung in elektronische Medien wie Internet usw. ist ohne vorherige schriftliche Genehmigung des Verlags unzulässig und strafbar.

Eine Haftung des Autors oder des Verlages und seiner Beauftragten für Personen-, Sach- und Vermögensschäden ist ausgeschlossen.

Literaturverzeichnis und Quellenangaben

Archiv des Deutsches Luftschiff- und Marineflieger-museum Nordholz AERONAUTICUM, Nordholz
Brembach, Hellmuth: Adler über See – 50 Jahre deutsche Marineflieger, Stalling, Oldenburg/Hamburg, 1962
Christiansen, Friedrich: Seeflieger über allen Meeren, Verlag für Volkssturm, Wehr und Wirtschaft, Berlin, 1934
Deutsches Marine Institut: Marineflieger – Von der Marineluftschiffabteilung zur Marinefliegerdivision, Mittler, Herford, 1988
Deutsches Maritimes Institut: 100 Jahre Marineflieger. Mittler, Hamburg, 2013
Kaack, Ulf: Die Flugzeuge und Hubschrauber der Marine – 100 Jahre Marineflieger, GeraMond, München, 2013
Kaack, Ulf: Die Marineflieger der Bundeswehr – Piloten und ihre Maschinen, Mittler, Hamburg, 2018
Kühn, Volkmar: Der Seenotdienst der deutschen Luftwaffe, Motorbuch, Stuttgart, 1978
Lehmann, Ernst-A.: Auf Luftpatrouille und Weltfahrt, Schmidt & Günther, Leipzig, 1936
Neitzel, Sönke: Der Einsatz der deutschen Luftwaffe über dem Atlantik und der Nordsee 1939 – 1945, Bernhard & Graefe, Bonn, 1995
Neuber, Hermann: Die fliegenden Retter, Fischer, Göttingen, 1972
Provan, John: Ferdinand Graf Zeppelin, Delius Klasing, Bielefeld, 2009
Schmalenbach, Paul: Die deutschen Marine-Luftschiffe, Koehler, Herford, 1977
Thiel, Reinhold: „Weser" Flugzeugbau, Hauschild, Bremen, 2013

Diverse Ausgaben der Publikationen von
Aero, F – 40, Flug Revue, Leinen los, Marine, MarineForum, Rotorblatt, Soldat und Technik und Wehrtechnik.

Bildnachweis

Ulf Kaack: 131u, 140ru, 155, 167, 187, 188, 201u, 207, 214

Ralf Michel: 222lo, 223o, 234u

Iris Meyer: 238

Manuel Miserok: 197

PIZ Marine/Archiv Deutsche Marine: 5m, 5u, 198, 199, 200, 201o, 202 bis 204, 205o, 206, 209, 216 bis 221, 222ro, 222u, 223u, 224, 225, 228 bis 231, 235 bis 237

Archiv Aeronauticum: 6, 7, 8, 9, 48, 49, 52o, 54, 55, 58, 60o, 63, 66o, 67, 68, 98, 99, 156 bis 159, 168, 172 bis 177, 233, 234o

Archiv Airbus: 226, 227

Archiv Hubschrauber Museum Bückeburg: 152 bis 154, 165 bis 166, 184 bis 186, 190o

Archiv Dornier: 70 bis 75, 96, 97, 112, 113, 120, 121,

Archiv Peter Kurze: 116, 117, 124, 125, 128 bis 130, 131o, 180,

Sammlung Born: 144o

Sammlung Cramer: 196,

Sammlung Flohr: 5o, 132 bis 136, 138 bis 140, 142, 143, 144u, 146 bis 148

Sammlung Kaack: 4, 10 bis 14o, 15 bis 18, 20 bis 24, 26, 28, 29o, 30 bis 47, 50, 51, 52u, 53, 56, 57, 59o, 60u, 61, 62, 64, 65, 66m, 66u, 69, 76, 77o, 78 bis 85, 86o, 87 bis 94, 102 bis 105, 107 bis 111, 114, 118, 119, 122, 123, 126

Sammlung H. Kaack: 183

Sammlung Neuber: 189, 190u

Sammlung Pohl: 208, 210o

Sammlung Reinicke: 169, 170

Sammlung Schlobinski: 178, 179

Sammlung Schneider: 150/151, 160 bis 163, 181, 182o, 205u, U4

Sammlung Thamm: 192 bis 194o, 195

Wikicommons: 14m, 14u, 19, 25, 27, 29u, 59u, 77u, 86u, 95, 100, 101, 106, 115, 127, 137, 141, 145, 149, 171, 182u, 191, 194u, 210u, 211, 212, 213, 215, 232

Inhalt

Bildnachweis

Ulf Kaack: 131u, 140ru, 155, 167, 187, 188, 201u, 207, 214

Ralf Michel: 222lo, 223o, 234u

Iris Meyer: 238

Manuel Miserok: 197

PIZ Marine/Archiv Deutsche Marine: 5m, 5u, 198, 199, 200, 201o, 202 bis 204, 205o, 206, 209, 216 bis 221, 222ro, 222u, 223u, 224, 225, 228 bis 231, 235 bis 237

Archiv Aeronauticum: 6, 7, 8, 9, 48, 49, 52o, 54, 55, 58, 60o, 63, 66o, 67, 68, 98, 99, 156 bis 159, 168, 172 bis 177, 233, 234o

Archiv Airbus: 226, 227

Archiv Hubschrauber Museum Bückeburg: 152 bis 154, 165 bis 166, 184 bis 186, 190o

Archiv Dornier: 70 bis 75, 96, 97, 112, 113, 120, 121,

Archiv Peter Kurze: 116, 117, 124, 125, 128 bis 130, 131o, 180,

Sammlung Born: 144o

Sammlung Cramer: 196,

Sammlung Flohr: 5o, 132 bis 136, 138 bis 140, 142, 143, 144u, 146 bis 148

Sammlung Kaack: 4, 10 bis 14o, 15 bis 18, 20 bis 24, 26, 28, 29o, 30 bis 47, 50, 51, 52u, 53, 56, 57, 59o, 60u, 61, 62, 64, 65, 66m, 66u, 69, 76, 77o, 78 bis 85, 86o, 87 bis 94, 102 bis 105, 107 bis 111, 114, 118, 119, 122, 123, 126

Sammlung H. Kaack: 183

Sammlung Neuber: 189, 190u

Sammlung Pohl: 208, 210o

Sammlung Reinicke: 169, 170

Sammlung Schlobinski: 178, 179

Sammlung Schneider: 150/151, 160 bis 163, 181, 182o, 205u, U4

Sammlung Thamm: 192 bis 194o, 195

Wikicommons: 14m, 14u, 19, 25, 27, 29u, 59u, 77u, 86u, 95, 100, 101, 106, 115, 127, 137, 141, 145, 149, 171, 182u, 191, 194u, 210u, 211, 212, 213, 215, 232

Inhalt

VORWORT

Flugzeuge der Kaiserlichen Marine

LUFTSCHIFFE DER KAISERLICHEN MARINE

REICHS- UND KRIEGSMARINE

Vorwort

Dr. Anja Dörfer, die Wissenschaftliche Leiterin des AERONAUTICUM in Nordholz.

Verehrte Leserin, verehrter Leser,

die 1913 offiziell aufgestellten Marineflieger können inzwischen auf über 100 Jahre Geschichte zurückblicken. Auch wenn die Marine im Vergleich zum Heer erst relativ spät das Potential von Luftstreitkräften erkannte, bemühte sie sich nach der Jahrhundertwende umso mehr, den Anschluss nicht zu verpassen. Technologisch gab es auf dem Gebiet der Luftfahrt in der ersten Dekade des 20. Jahrhunderts eine rasante Entwicklung. Immer mehr Einzelpersonen und Firmen beschäftigten sich mit der Fliegerei und verbesserten die Konstruktion, die Motoren und Materialien im Eiltempo.

Zu Beginn des Ersten Weltkrieges hatte zwar das System Luftschiff – insbesondere die starren Typen der Firmen Zeppelin und Schütte-Lanz – mehr überzeugt, aber die Marine verfügte zudem bereits über Flugzeuge, die auf dem Wasser starten und landen konnten. Auch Strukturen für einen militärischen Einsatz von Luftschiffen und Flugzeugen waren seit 1913 aufgebaut worden. Erste Luftschiffplätze entstanden. Zwei Seefliegerabteilungen in Kiel und Wilhelmshaven als „Mutterstationen" sowie ein System ausgelagerter, flexibel einzurichtender Flugstationen wurden geschaffen. Und man hatte versucht, beispielsweise durch Wasserflug-Wettbewerbe und eine finanzielle Unterstützung von Firmen den Flugzeugbau zu forcieren. Mit einem Luftschiff und neun einsatzbereiten Flugzeugen war die Marine bei Kriegsausbruch dennoch mehr als ungenügend ausgestattet und gut ausgebildetes Personal fehlte. Aber innerhalb kurzer Zeit wurde in allen Bereichen nachgesteuert. Zudem feilten die führenden Luftfahrtfirmen intensiv an der konstruktiven Verbesserung der Luftfahrzeuge sowie der Steigerung ihrer Leistungsdaten. Auch die Entwicklung der Funktechnik und einer leistungsfähigen Bewaffnung wurde vom Militär forciert.

Im Laufe des Ersten Weltkrieges bildeten sich Flugzeugklassen heraus. Kleine, wendige Jagdflugzeuge – sowohl Rad- als auch Wasserflugzeuge – dienten der Marine zur Sicherung der Küsten und zur Aufklärung über See. Große Flugzeuge konnten Bomben und Torpedos mitführen, die gegen feindliche Schiffe und U-Boote eingesetzt wurden. Zudem baute man Frachter zu „Mutterschiffen" um, die bis zu drei Flugzeuge an Bord nehmen konnten. Bei Kriegsende war klar, dass Flugzeuge das Einsatzmittel der Zukunft sind. Die Luftschiffe der Kaiserlichen Marine konnten trotz wesentlicher technologischer Verbesserungen nicht mithalten. Der Einsatz von Flugzeugen war

im Hinblick auf Personal, Infrastruktur und Kosten wesentlich effizienter. Außerdem überzeugten sie durch ihre flexiblen Einsatzmöglichkeiten über See, an den Küsten und an Land.

Aufgrund der Beschränkungen des Versailler Vertrages bemühte sich die Reichsmarine in den 1920er-Jahren, die Fähigkeiten ihrer Luftstreitkräfte im Geheimen zu bewahren und weiterzuentwickeln. In zivilen Verkehrsfliegerschulen wurde Personal ausgebildet, Luftfahrzeuge im erlaubten zivilen Rahmen entwickelt und zum Teil im Ausland gebaut. Dennoch verlor man technologisch den Anschluss. Als die Marine 1935 dachte, mit der offiziellen Aufstellung der Wehrmacht auch wieder Seefliegerkräfte installieren zu können, nutzte Hermann Göring als Oberbefehlshaber der Luftwaffe die Chance, alle fliegenden Einheiten unter einem Dach zu vereinen. Durch mehrere Umstrukturierungen wurden alle Seefliegereinheiten in die Luftwaffe integriert. Diese Entwicklung führte im Kriegsverlauf zu diversen Problemen und mangelnden Erfolgen, die unter anderem auf fehlende gemeinsame Funkschlüssel, die Unkenntnis von Luftwaffenpiloten über seetaktische Verfahren sowie den mangelnden Zulauf moderner, seetauglicher Flugzeuge zurückzuführen waren.

Fliegendes und technisches Personal 1916 mit einem Seeaufklärer Sablatnig SF-5.

Aus den Problemen, die sich im Zweiten Weltkrieg durch die Zusammenlegung von See- und Landluftstreitkräften ergeben hatten, zog man nach dem Krieg die entsprechenden Lehren. Bereits in der „Himmeroder Denkschrift" 1950 wurde dargelegt, dass die Marine über eigene Luftstreitkräfte verfügen sollte. 1956 stellte man dann zusammen mit der Bundesmarine die ersten Marinefliegereinheiten und ein übergeordnetes Kommando auf. 1964 gab es schließlich fünf Geschwader mit unterschiedlichen Aufgaben und Luftfahrzeugen.

Auch die Volksmarine der DDR erkannte den Nutzen von Luftstreitkräften. Eine 1959 aufge-

Flottillenadmiral Paul Kriebel, hier nach der Landung mit einer Arado Ar 196, war im Zweiten Weltkrieg Pilot bei den Seeaufklärern und beendete seine fliegerische Laufbahn als Kommandeur der Marinefliegerdivision.

Mit der Hawker Mk 100 Sea Hawk begann das Jet-Zeitalter in der deutschen Marinefliegerei.

stellte Hubschrauberkette – das spätere Marinehubschraubergeschwader 18 in Parow – wurde 1963 offiziell in die Marine integriert. Erst 1986 stellte man allerdings ein zunächst geheimes Jagdbombergeschwader auf.

Mit der Wiedervereinigung 1990 begann für die Marineflieger eine Zeit der Reduzierung. Das betraf zuerst die ostdeutschen, später auch ehemalige westdeutsche Einheiten. Bis Mitte der 2000er-Jahre wurden das Marinefliegergeschwader (MFG) 28 in Laage bei Rostock (1990), das Marinehubschraubergeschwader 18 in Parow (1994), das MFG 1 in Jagel (1993) und das MFG 2 in Tarp/Eggebek (2005) außer Dienst gestellt. Seit 2005 verfügt die Marine damit über keine Jagdbombereinheiten mehr. Ihre Aufgaben über See übernahm die Luftwaffe. Mit der Auflösung der Flottille der Marineflieger 2006 erreichte die Reduzierung ihren traurigen Höhepunkt. Im Herbst 2012 fasste man dann schließlich alle noch bestehenden Marinefliegergeschwader – das MFG 3 und das MFG 5 aus Kiel – am Standort Nordholz zusammen. Im Zuge dessen wurde mit dem Marinefliegerkommando vor Ort auch wieder ein übergeordneter Stab geschaffen. Damit befindet sich nun in Nordholz der letzte Marinefliegerstandort Deutschlands.

Die hier kurz umrissene Historie der deutschen Marineflieger illustriert der Autor Ulf Kaack in seinem aktuellen Buch mit einer Darstellung ihrer Luftfahrzeugtypen. Kaack hat sich in den letzten

Jahren intensiv mit maritimen Themen beschäftigt und auch die fliegenden Einheiten der Marine unter verschiedenen Perspektiven betrachtet. Immer wieder schaffte er es, neue Facetten, beispielsweise durch die Einbeziehung von Zeitzeugen, aufzuzeigen. Mit diesem Buch legt der Autor nun ein umfassendes Kompendium zu den wichtigsten Luftfahrzeugen der Marine seit ihrer Gründung vor. Auch die im Ersten Weltkrieg eingesetzten Luftschiffe werden ausführlich vorgestellt. Er dokumentiert damit die Vielfalt der Luftfahrzeuge, die die Marine bis heute im Einsatz hat.

Die detaillierte Beschreibung ihrer konstruktiven Entwicklung gibt auch Einblicke in die Geschichte der einzelnen Firmen. Zudem erfährt der Leser viel über die Ausrüstung und den Einsatz der Luftfahrzeuge. Eine umfangreiche Bebilderung sowie technische Daten komplettieren die facettenreiche Darstellung. Entstanden ist ein wissensreiches Buch, das nicht nur Kennern der Thematik einen umfassenden Überblick gibt. Auch einer weniger damit vertrauten Leserschaft bietet es spannende Einblicke in die technologische Entwicklung von Luftfahrzeugen, die über See spezifischen Bedingungen ausgesetzt sind.

Eine sehr gute Ergänzung bilden die vom Autor eingefügten „Museumstipps". Sie dokumentieren die Vielfalt der europäischen Museumslandschaft zu luftfahrthistorischen Themen und regen zu einem Besuch an.

Ihre
Dr. Anja Dörfer
Wissenschaftliche Leiterin des AERONAUTICUM
Deutsches Luftschiff- und
Marinefliegermuseum Nordholz e.V.

Wartungsarbeiten an einem in Nordholz stationierten Sea Lynx-Bordhubschrauber des MFG 5.

Die Marinefliegerabteilung der Kaiserlichen Marine

Die Kaiserliche Marine ging 1872 aus der Marine des Norddeutschen Bundes hervor. „Zur Klärung der Verwendbarkeit von Luftfahrzeugen" wurde 1911 ein Etat von 100 000 Mark im Militärhaushalt budgetiert. Am 3. Mai 1913 schlug die Geburtsstunde der Marinefliegerabteilung durch „Allerhöchste Kabinettsordre", ausgesprochen von Kaiser Wilhelm II. Bereits im Herbst 1913 beteiligten sich die Seeflieger an einem Flottenmanöver vor Helgoland.

Albatros Farman III

Die mittels zentralem Schwimmer zum Wasserflugzeug umgebaute Albatros Farman III war kaum mehr als ein Provisorium.

In der Geschichtsschreibung der Deutschen Marineflieger gilt dieses Modell offiziell als der erste Seeflieger. Selbstredend befand sich diese Waffengattung im ersten Jahr ihres Bestehens in einer Experimentierphase, zumal die Fliegerei an sich noch in den Kinderschuhen steckte.

Nahezu ungeschützt vor dem Fahrtwind und der Witterung saß der Pilot vor dem Motor.

Die Historie der dem Heer angegliederten Luftstreitkräfte des Deutschen Kaiserreichs reicht zurück ins Jahr 1884, als ein erstes Ballondétachement entstand. Drei Jahre später rief man die Luftschifferabteilung ins Leben. 1910 wurde mit einem aus Frankreich importierten Farman III-Doppeldecker das erste militärische Flugzeug in Dienst gestellt.

Kurz vor dem Jahreswechsel 1909/10 waren in Berlin-Johannisthal die Albatros Flugzeugwerke gegründet worden. Nach ausgiebiger Erprobung begann man hier, modifizierte Nachbauten der Farman III im Auftrag des Heeres herzustellen. Dieser in Frankreich von Henri Farman entwickelte Doppeldecker absolvierte am 6. April 1909 seinen Erstflug. Als Antrieb fungierte zunächst ein Gnôme-Umlaufmotor mit 50 PS, später ein E.N.V.-Motor mit 60 PS. Mehrfach wurde die Ma-

schine optimiert und gewann verschiedene internationale Preise. Mit einem Importmodell begann im Mai 1910 die Ausbildung der ersten deutschen Militärpiloten. Im Juli 1911 gewann der Luftfahrtpionier Benno König den ersten Deutschlandflug mit einem Farman III-Doppeldecker.

1911 beschaffte das Marineamt eine Albatros-Farman III und ließ sie bei der Kaiserlichen Werft Danzig für seine Zwecke umrüsten. Als Antrieb fungierte ein Argus-Motor mit 100 PS und Druckpropeller.. Mittels eines Fahrgestells mit Rädern sollte die Maschine an Land starten und landen können, ebenso auf einem Schwimmer auf dem Wasser, so die Vorgaben.

Die Erprobungen in der Danziger Bucht verliefen zunächst wenig vielversprechend. Das Landfahrgestell musste wegen seines hohen Luft- und Wasserwiderstands demontiert werden. Erst im Mai gelang erstmals ein Wasserstart. Bei der Landung überschlug sich die Albatros-Farman III, weil der aus Furnierholz und Stoff konstruierte Mittelschwimmer eine zu große Bremswirkung auf der Wasseroberfläche erzielte. Der Testpilot überlebte nur knapp.

Über mehrere Monate wurde die praktische Flugerprobung ausgesetzt. Man feilte weiter an der Konstruktion und vor allem an einem stabilen Seegangsverhalten. Der zentrale Auftriebskörper wurde durch ein Zweifachschwimmersystem ersetzt, eine von den Albatros-Werken gebaute Tragdeckzelle erleichterte beim Start das Abkommen vom Wasser.

Aufgrund der rasanten technologischen Entwicklung in der motorisierten Fliegerei spielte die Albatros Farman III kaum mehr als eine Nebenrolle in der Frühphase der Deutschen Marineflieger. Sie ist ein Erprobungsträger und kam während des Ersten Weltkriegs offenbar nicht zum Einsatz, ist aber eben auch der fliegende Urvater dieser Waffengattung.

Sie sollte beides können: Landungen auf dem Wasser und auf festem Boden.

Benno König 1911 nach seinem Sieg beim Deutschlandflug.

Bild oben rechts: Farman III mit Gnôme-Siebenzylinder-Sternmotor.

Museumstipp: Der Nachbau einer Albatros-Farman III in der Heeresausführung befindet sich im Besitz des Militärhistorischen Museums auf dem Flugplatz Berlin-Gatow. Der Doppeldecker mit Radfahrwerk kann im Hangar 3 besichtigt werden.

Kontakt und Info: www.mhm-gatow.de

Eine Farman III über dem Flugplatz Berlin-Johannisthal im Sommer 1910.

Technische Daten	
Hersteller	Albatros Flugzeugwerke
Typ	Farman III
Gebaut ab	1910
Motor	Argus
Leistung (kW/PS)	73,5/100
Höchstgeschwindigkeit (km/h)	60
Reichweite (km)	180
Länge (m)	10,50
Höhe (m)	3,50
Spannweite (m)	12
Startmasse (kg)	550
Besatzung	1-2

Friedrichshafen FF 19

Start vor der Westseite Helgolands.

Während sich viele Hersteller beim Bau von Seeflugzeugen darauf beschränkten, ihre konventionellen Maschinen durch Montage von Schwimmern für den Einsatz auf dem Wasser umzurüsten, waren die Ingenieure bei der Flugzeugbau Friedrichshafen GmbH von vornherein auf die Konstruktion seegängiger Flächenflieger spezialisiert. Mit finanzieller und ideeller Unterstützung durch Ferdinand Graf von Zeppelin war das Unternehmen am 17. Juni 1912 in Friedrichshafen am Bodensee gegründet worden. Zunächst orientierte man sich an den Wasserflugzeugen des US-amerikanischen Herstellers Curtis, der damals führend in diesem Segment war.

Kurios: Startvorbereitungen auf dem Vorschiff des U-Bootes U 12.

Am 3. Mai 1913 formulierte Kaiser Wilhelm II eine Verfügung zur Aufstellung der ersten Marinefliegerabteilung. Das Problem des Marineamts bestand vornehmlich in der Beschaffung geeigneten Fluggeräts. Im Zuge der Herbstmanöver testete man verschiedene Baumuster, wobei sich eine britische Avro 503 klar gegen die deutschen Mitbewerber von Albatros und AGO durchsetzte. Diese Maschine absolvierte außerdem den ersten Flug von Wilhelmshaven nach Helgoland. Albatros und Friedrichshafen erhielten im Februar 1914 den Auftrag, basierend auf der Avro 503 jeweils eine eigene Maschine zu entwickeln. Beim anschließenden Vergleichsfliegen hatte der Prototyp vom Bodensee die Nase vorn. Die Friedrichshafen FF 19 war geboren. Die Kaiserliche Marine orderte fünf weitere Maschinen, später nochmals zehn. Alle 16 Exemplare entstanden zwischen April und November 1914.

Konzipiert war die FF 19 als unbewaffneter Seeaufklärer. Der Doppeldecker war mit zwei Schwimmern ausgeführt, seine Besatzung bestand aus dem Piloten und einem Beobachter. Sie war das erste Flugzeug, das dem Anforderungsprofil der Marine vollumfänglich entsprach. Die FF 19 war in hohem Maße seegängig, konnte vier Stunden in der Luft verbringen und neben der Besatzung auch die erforderliche Ausrüstung tragen. Der wassergekühlte Mercedes D II-Motor mit 105 PS galt als standfest und zuverlässig. Unter Einbindung einer FF 19 wurden erstmals in Deutschland Versuche mit drahtlosem Funk zwischen Land- und Seestellen sowie einem Flächenflugzeug vorgenommen.

Im Frühjahr 1913 entstand die Seeflugstation Helgoland.

Kleines Bild links: Eine FF 19 wird startklar gemacht.

Technische Daten	
Hersteller	Flugzeugbau Friedrichshafen
Typ	F 19
Gebaut ab	1914
Motor	Mercedes D II, wassergekühlter Reihensechszylinder
Leistung (kW/PS)	77,2/105
Höchstgeschwindigkeit (km/h)	95
Reichweite (km)	k.A.
Länge (m)	10,40
Höhe (m)	k.A.
Spannweite (m)	15,30
Startmasse (kg)	1160
Besatzung	2

Friedrichshafen FF 29

Bei der FF 29 handelte es sich um einen unbewaffneten Aufklärer.

Bei der Aufstellung der Marinefliegerabteilung sah der Entwicklungsplan die Beschaffung von 48 Flugzeugen und 10 Luftschiffen bis zum Ende der 20er-Jahre vor. Die rasante technische Entwicklung und vor allem der Beginn des Ersten Weltkriegs machten den Planern einen Strich durch die Rechnung. Beim Ausbruch der Kampfhandlungen mit der deutschen Kriegserklärung am 3. August 1914 standen der jungen Waffengattung lediglich 35 Flugzeuge verschiedenster Typen zur Verfügung. Lediglich neun davon waren einsatzbereit. Zudem verfügte man nur über neun ausgebildete Piloten.

Gute Erfahrungen hatte man mit der Friedrichshafen FF 19 gemacht, so dass es im August 1914 zur Erteilung eines weiteren Auftrags seitens der Marine kam: 20 Exemplare wurden geordert, allerdings mit einem erhöhten Leistungsprofil. Diplomingenieur Theodor Kober – ab 1892 der erste Mitarbeiter von Graf Zeppelin und 1912 Gründer der Flugzeugbau Friedrichshafen GmbH – konstruierte daraufhin die Friedrichshafen FF 29, einen

Ohne Bodencrew ging beim Start nichts.

Mercedes steuerte den Motor bei, den D II-Reihensechszylinder.

verspannten und dreistielig verstrebten Doppeldecker mit flachbodigem Doppelschwimmer in Parallelanordnung. Der Querschnitt des Rumpfs war viereckig gestaltet, dessen Oberseite leicht gewölbt und nach vorne hin spitz zulaufend. Gegenüber dem Vorgänger hatte man die Spannweite und die Flügelfläche erweitert.

Seitens der Motorisierung griff der Konstrukteur auf den seinerzeit neuen Sechszylinder-Reihenmotor D II von Mercedes zurück, der mit 129 PS ein Leistungsplus von 24 PS im Vergleich mit der FF 19 brachte. Dieses Aggregat wurde bis 1916 gebaut und kam auch in diversen Maschinen der Luftstreitkräfte des Kaiserlichen Heeres zum Einsatz, beispielsweise in der Albatros B.I und B.II sowie der Fokker D.I und Aviatik C.I.

Es ergab sich ein Folgeauftrag seitens der Marine. Bis September 1915 wurden insgesamt 44 Friedrichshafen FF 29 abgeliefert. Einige Exemplare entstanden mit Änderungen am Leitwerk und den Schwimmern bei der Kaiserlichen Werft in Wilhelmshaven. Sie waren außerdem mit einem Mercedes D I-Motor ausgerüstet, der lediglich 105 PS leistete. Sieben weitere, in Friedrichshafen gebaute Maschinen erhielten als Motorisierung ein wassergekühltes Triebwerk des Herstellers Argus aus Berlin-Reinickendorf.

Eingesetzt wurden die FF 29 als unbewaffnete Seeaufklärer mit Pilot und Beobachter. Sie agierten von den Marinefliegerstationen an der Nord- und Ostseeküste. Außerdem fanden sie Verwendung auf den zu Mutterschiffen für Wasserflugzeuge umgebauten Frachtschiffen „Glyndwr" und „Answald". In Hangars und offenen Flugdecks fanden bis zu vier Maschinen Platz, die mittels Schwerlast-Ladebäumen zu Wasser gebracht und nach der Landung wieder aufgeholt wurden.

Technische Daten

Hersteller	Flugzeugbau Friedrichshafen
Typ	FF 29
Gebaut ab	1914
Motor	Mercedes D II, wassergekühlter Reihensechszylinder
Leistung (kW/PS)	94,9/129
Höchstgeschwindigkeit (km/h)	95
Reichweite (km)	k.A.
Länge (m)	10,40
Höhe (m)	k.A.
Spannweite (m)	16,30
Startmasse (kg)	1400
Besatzung	2

Friedrichshafen FF 33

Für den Transport an Land konnten Räder an den Schwimmern montiert werden.

Bei der Friedrichshafen FF 33 handelt es sich um das wohl bekannteste Seeflugzeug der Kaiserlichen Marine. Insgesamt entstanden von 1914 bis 1916 rund 470 Doppeldecker dieses Typs in erstaunlicher Artenvielfalt bei den ambitionierten Flugzeugbauern am Bodensee. Sie wurden in Holzbauweise gefertigt, waren im vorderen Bereich mit Metall und ansonsten mit Sperrholz beplankt. Die Tragflächen erhielten eine robuste Stoffbespannung. Sie waren besonders hochseefähig, konnten noch bei einem Seegang der Stärke vier sicher starten und landen.

Während bei den ersten Exemplaren des Typs der Beobachter noch vor dem Piloten platziert war, wechselten sie ab der Variante FF 33b die Positionen. Es gab Ausführungen mit unterschiedlicher Bewaffnung, als Schulungsmaschine mit Doppelsteuerung, mit Rollfahrwerk, als Bomber oder für den Funkverkehr ausgerüstet mit einer Sende- und Empfangsanlage statt eines Maschinengewehrs. Ab der Variante FF 33f war die Spannweite reduziert, was zu einer erhöhten Wendigkeit führte. Gleichzeitig waren die verspannten Tragflächen nicht mehr drei- sondern zweistielig ausgeführt.

Den Motor steuerte Benz & Cie. aus Mannheim bei. 150 PS realisierten die Ingenieure aus dem wassergekühlten Reihenmotor mit sechs Zylindern, in späteren Versionen 160 PS. 14,3 Liter betrug der Hubraum der Benz Bz III-Aggregate. Der Ottomotor arbeitete nach dem Prinzip der Doppelzündung mit zwei Zündkerzen pro Zylinder. In einzelne FF 33 wurden außerdem Triebwerke der Hersteller Mercedes und Maybach verbaut.

Eine Friedrichshafen FF 33 erlangte als weltweit erstes Bordflugzeug eines Kriegsschiffs eine gewisse Prominenz. Es trug den Beinamen „Wölfchen" und war ab November 1916 Aufklärer auf

Der Beobachter hält das Festmachertau zum Anlegen bereit.

Die berühmte „Wölfchen", das Bordflugzeug des Hilfskreuzers „Wolf".

dem Hilfskreuzer „Wolf". 451 Tage lang war der Blockadebrecher auf See, brachte 14 feindliche Schiffe auf und versenkte weitere 13 durch den Einsatz seiner mitgeführten Minen. „Wölfchen" fungierte als fliegendes Auge in bis zu 2000 Metern Höhe und stoppte die Dampfer des Kriegsgegners schon mal durch den gezielten Handabwurf von Bomben vor den Bug.

Technische Daten	
Hersteller	Flugzeugbau Friedrichshafen
Typ	F 33
Gebaut ab	1914
Motor	Benz Bz III, wassergekühlter Reihensechszylinder
Leistung (kW/PS)	110,3, 117,7/150, 160
Höchstgeschwindigkeit (km/h)	136
Reichweite (km)	450
Länge (m)	8,90
Höhe (m)	4,00
Spannweite (m)	13,20
Startmasse (kg)	1415
Besatzung	2

Zeppelin Staaken R.VI

Zeppelins Riesenflugzeuge galten als Gegenentwurf zu den Luftschiffen.

Mit lediglich drei an die Marinefliegerabteilung gelieferten Einheiten spielt die Zeppelin Staaken R.VI in deren Historie eine unbedeutende Rolle, soll aber wegen ihrer Exotik an dieser Stelle nicht unerwähnt bleiben. Unter der seinerzeit gebräuchlichen Bauartbezeichnung Riesenflugzeug produzierten verschiedene deutsche Hersteller Maschinen mit mehreren Motoren, Spannweiten bis zu 50 Metern und hoher Besatzungsstärke. Bereits Ende 1914 hatte die Heeresleitung einen überschweren Bomber mit großer Reichweite als Alternative zu den Luftschiffen gefordert. Der im Ersten Weltkrieg erfolgreichste dieser Giganten war die Zeppelin Staaken R.VI, die in verschiedenen Versionen gebaut wurde.

Auf Initiative und finanziert von der Luftschiffbau Zeppelin GmbH entstand Ende 1914 die Versuchsbau Gotha GmbH. Ihr Zweck war die Konstruktion und der Bau von Großkampfflugzeugen für den strategischen Luftkrieg. Professor Alexander Baumann entwickelte den ersten Prototyp V.G.O.I. Er wurde von drei Maybach Mb IV-Motoren mit je 260 PS angetrieben und hatte eine Spannweite von 42 Metern. Der Erstflug des Doppeldeckers fand am 11. April 1915 statt.

Nach der Übernahme durch die Kaiserlichen Marineflieger erhielt die V.G.O.I die Kennung R.M.L.1. und wurde zu Testzwecken an der Ostfront eingesetzt. Hinsichtlich ihrer Motorenleistung konnte die Maschine nicht überzeugen und erhielt zwei weitere Maybach Mb IV. Während der anschließenden Erprobung zerschellte das Riesenflugzeug an einer Luftschiffhalle, die komplette Besatzung kam bei dem Unfall ums Leben.

Es entstanden eine ganze Reihe weiterer Prototypen. Die Version R.III besaß sechs Mercedes D III-Motoren, die R.IV Motoren vom Typ Benz Bz IV. 1916 wurde die Flugzeugwerft nach Staaken bei Berlin verlegt und firmierte fortan als Zeppelin-Staaken Flugzeugbau GmbH. Hier entstand im gleichen Jahr die vom Heer eingesetzte Hauptversion, die Zeppelin Staaken R.VI. Daraus abgeleitet war das Seeflugzeug Typ L. Es besaß statt des üblichen Fahrwerks zwei 13 Meter lange Schwimmer in Ganzmetallausführung. Konzipiert hatte Professor Baumann seine Weiterentwicklung als verstrebten und verspannten Doppeldecker mit einem Kastenrumpf, einem Doppeldecker-Höhenleitwerk sowie zwei schei-

Die Kabine war verglast und rundum geschlossen.

MG-Schütze im offenen Waffenstand.

benförmigen Seitenleitwerken. Gefertigt war die R.VI in Gemischtbauweise: Der Rumpf basierte auf einem Stahlrohrgerüst und war im vorderen Bereich mit Aluminium verkleidet, während der Heckbereich stoffbespannt war. Ebenso die Tragflügel, deren Unterkonstruktion aus Holz mit Stahlrohrverstärkungen bestand.

Vier Mercedes-Motoren mit modernster Vierventiltechnik – in Tandemanordnung in zwei Triebwerksgondeln zwischen den Tragflächen angeordnet – mobilisierten zusammen 1080 PS aus jeweils 21,7 Litern Hubraum. Sie trieben je eine Zug- und eine Druckschraube an, die als feste Zweiblatt-Holzpropeller ausgeführt waren. Und zwar direkt, ohne störanfällige Winkelgetriebe oder Fernantriebswellen.

Drei nahezu identische Schwimmerflugzeuge orderte die Kaiserliche Marine beim Flugzeughersteller Aviatik im elsässischen Mühlhausen. Bei diesen Typen war der Rumpf geringfügig nach oben versetzt und stand auf einem Strebenwerk, das mit dem Unterflügel verbunden war. Auf diese Weise blieb das Höhenleitwerk vor Spritzwasser geschützt. Das Cockpit hatte man bis zur Rumpfspitze verglast, die Piloten saßen aber nebeneinander in einem offenen Führerstand.

Bewaffnet war die Zeppelin Staaken R.VI mit vier bis sieben Maschinengewehrständen, die auf den Ober- und Unterseiten des Rumpfes sowie in dessen Nase platziert waren. Im mittig angeordneten Bombenschacht konnten bis zu 18 Hundertkilo-Bomben mitgeführt werden.

Das Gros dieser Riesenmaschinen übernahm das Heer. Vom Typ R.VI wurden 22 Exemplare gebaut, davon vier Seeflugzeuge. Dieser Hauptserie folgten zehn weitere viermotorige und fünfmotorige Versionen von verschiedenen Herstellern. Inklusive der Prototypen sollen etwa 40 dieser variantenreichen Doppeldecker gebaut worden sein.

Technische Daten	
Hersteller	Zeppelin-Staaken Flugzeugbau GmbH
Typ	Zeppelin Staaken R.VI
Gebaut ab	1916
Motor	Mercedes D IVa, wassergekühlter Reihensechszylinder
Leistung (kW/PS)	191/260
Höchstgeschwindigkeit (km/h)	141
Reichweite (km)	800
Länge (m)	22,10
Höhe (m)	6,30
Spannweite (m)	42,20
Startmasse (kg)	12 250
Besatzung	7

Albatross W.4

Gebaut wurde die W.4 in Johannisthal.

Waren es zunächst vor allem gering- oder unbewaffnete Aufklärungsflugzeuge, so rückte im Verlauf des Ersten Weltkriegs und der zunehmenden Heftigkeit des Konflikts die Wehrhaftigkeit der Marineflieger verstärkt in den Fokus. Zum einen als Offensivwaffe, aber auch zum Schutz der Seefliegerstationen und eigener Kriegsschiffe angesichts zunehmender Attacken durch den Gegner.

Seichter Strand reichte oftmals aus als Startplatz.

Bei den Albatros Flugzeugwerken in Johannisthal gab das Marineamt im Juni 1916 einen Jagdeinsitzer in Auftrag. Es war naheliegend, dass der verantwortliche Konstrukteur und Testpilot Robert Thelen auf eine bereits bewährte Maschine zurückgriff, den von ihm entwickelten Kampfeinsitzer Albatros D.I. Bereits im September 1916 absolvierte der Prototyp dieser als Albatros W.4 bezeichneten Maschine in Warnemünde seinen Erstflug.

Zwar Griff Robert Thelen bei der Entwicklung auf diverse Komponenten sowie konzeptionelle und aerodynamische Erkenntnisse der D.I zurück, trotzdem war die Albatros W.4 ein rundum neues Flugzeug: Die Spannweite wuchs um rund einen Meter an, der Rumpf und der Abstand zwischen den beiden Tragflächen war vergrößert worden. Alle vier Flügel erhielten Querruder. Das Seitenruder war üppiger dimensioniert und die Flosse am Hecksporn entfiel.

Nach ausgiebigen Tests und der Beseitigung von Kinderkrankheiten – die Tragflächen erwiesen sich als nicht resistent gegen das Salzwasser und die Konstruktion der Schwimmer musste überarbeitet werden – gelangten die ersten zehn Jagdmaschinen im Frühjahr zur Kaiserlichen Marine. Bis Dezember 1917 wurden 129 Exemplare inklusive dreier Prototypen gebaut. Acht davon flogen unter der Flagge der Marine Österreichs vom Kriegshafen Pola in Kroatien ihre Einsätze.

Als Antrieb fungierte ein frisch entwickelter Sechszylinder-Reihenmotor Typ D.III von Mercedes. 160 PS Dauerleistung schöpfte er aus 14,1 Litern Hubraum. Daraus ergab sich eine maximale Geschwindigkeit von 160 Stundenkilometern. Für den Aufstieg in 3000 Meter Höhe benötigte die Maschine rund 23 Minuten. Die Dienstgipfelhöhe war mit 3500 Metern angegeben. Bewaffnet war der Doppeldecker mit zwei starr angeordneten wassergekühlten Maschinengewehren MG 08/15 im Kaliber 7,92 Millimeter.

Der Daimler-III-Motor lieferte 160 PS ab.

Nahezu zeitgleich beschaffte die Kaiserliche Marine zwei ähnlich geartete Seeflugzeuge: den Jäger Hansa-Brandenburg KDW und den Zweisitzer Rumpler 6B1. In der Summe ihrer Eigenschaften erwies sich ihnen die Albatros W.4 als überlegen. Die Piloten schätzten ihre hervorragenden Manövriereigenschaften ebenso wie Geschwindigkeit, Steigleistung und Reichweite.

Technische Daten	
Hersteller	Albatros Flugzeugwerke
Typ	W.4
Gebaut ab	1916
Motor	Daimler D.III, wassergekühlter Reihensechszylinder
Leistung (kW/PS)	117,7/160
Höchstgeschwindigkeit (km/h)	160
Reichweite (km)	450
Länge (m)	8,50
Höhe (m)	3,65
Spannweite (m)	9,50
Startmasse (kg)	1070
Besatzung	1

Hansa-Brandenburg KDW

Die KDW konnte wegen verschiedener Mängel nicht eben punkten bei den Piloten.

Die Brandenburgische Flugzeugwerke GmbH wurde 1914 von Luftfahrtpionier Igo Etrich ins Leben gerufen. Als Chefkonstrukteur stand ihm niemand Geringeres als Ernst Heikel zur Seite. Ein Jahr später verschmolz das Unternehmen mit den Hansa-Flugzeug-Werken Hamburg Carl Caspar und der Deutsche Aero-Gesellschaft zur Hansa- und Brandenburgische Flugzeugwerke AG mit Sitz in Brandenburg an der Havel.

Dem Ruf der Marineführung nach leistungsfähigen Jagdflugzeugen folgend, entwickelte Heinkel 1916 die Hansa-Brandenburg KDW. Dabei steht die Buchstabengruppe für „Kampf-Doppeldecker-Wasser". Konstruiert war das Flugzeug auf Basis der Hansa-Brandenburg D.I, einem Kampfeinsitzer, der in der Fliegertruppe des Heeres wenig Anklang fand. Seine Flugeigenschaften waren wenig stabil, die Sichtverhältnisse für den Piloten durch die klobige Nase schlecht und die Bewaffnung mit dem österreichischen Maschinengewehr Schwarzlose 07/12 unzureichend.

Typisch für die KDW war die unkonventionell anmutende sternförmige Verstrebung zwischen ihren beiden Tragflächen. Der Doppeldecker entstand in robuster Holzbauweise. Die Flügel waren stoffbespannt. Auffällig waren das vergleichsweise großdimensionierte Höhenleitwerk und das nur knapp bemessene Seitenruder, was in der Flugpraxis zu einer mangelhaften Richtungsstabilität führte. Der Pilot musste permanent seinen Kurs korrigieren. Durch das Anheben der oberen Tragfläche gegenüber dem Rumpf erreichte man eine deutlich verbesserte Rundumsicht für den Flugzeugführer. Durch die Ausrüstung mit einem oder zwei Maschinengewehren MG 08/15 wurde der Kampfwert wesentlich aufgewertet.

Bis Februar 1918 entstanden 58 Hansa-Brandenburg KDW in fünf Produktionschargen, die leicht voneinander abwichen. Vor allem hinsichtlich ihrer Motorisierung: Zunächst war ein Benz Bz III mit 150 PS verbaut. Es folgten der Mercedes D IIIa und der Maybach Mb III mit jeweils 160 PS sowie in der letzten Serie der 200 PS leistende Benz Bz IV.

Zum Einsatz kam die Hansa-Brandenburg KDW auf den Kriegsschauplätzen in der Nordsee und der Adria. Obwohl bereits veraltet, blieb die Maschine bis zum Kriegsende im Einsatz.

Der Benz B III galt als ausgereift und zuverlässig.

Technische Daten	
Hersteller	Hansa- und Brandenburgische Flugzeugwerke
Typ	KDW
Gebaut ab	1916
Motor	Benz Bz III, wassergekühlter Reihensechszylinder
Leistung (kW/PS)	110,3/150
Höchstgeschwindigkeit (km/h)	175
Reichweite (km)	530
Länge (m)	8,00
Höhe (m)	3,30
Spannweite (m)	9,22
Startmasse (kg)	1045
Besatzung	1

Rumpler 6B1 und 6B2

Rumplers 6B1 basierte auf der Aufklärungsmaschine CI.

Der Flugzeug- und Automobilkonstrukteur Edmund Rumpler hat durch seinen Eindecker Taube und den stromlinienförmigen Tropfenwagen Berühmtheit erlangt. 1908 gründete der Österreicher mit preußischer Staatszugehörigkeit in Berlin die Rumpler-Luftfahrzeugbau GmbH, aus der 1914 die Rumpler-Werke GmbH hervorgingen. Bis 1918 entstanden hier 3060 Flugzeuge unterschiedlicher Bauweisen. Auch bei Rumpler folgte man dem Ruf der Kaiserlichen Marine, ein leistungsfähiges Jagdflugzeug für den Schutz von Stützpunkten und Schiffen gegen feindliche Fliegerattacken zu entwickeln. Um Zeit zu sparen, bediente man sich an einer bewährten Konstruktion, dem bewaffneten Aufklärer Rumpler C.I. Die Weiterentwicklung zum Wasserflugzeug mit Doppelschwimmer erhielt die Bezeichnung Rumpler 6B1.

Rumpler-Seejäger aufgreiht für die Startvorbereitungen.

Das Radfahrwerk wich einem aus Holz gefertigten zweistufigen Schwimmer. Ober- und Unterflügel waren zweiteilig aus Holz konstruiert, mit strapazierfähigem Stoff bespannt und durch Streben aus Profilstahlrohr verbunden. Auch der Rumpf basierte auf einem Holzgerüst, das seitlich bis zum Pilotensitz mit Sperrholz beplankt war und vorn den Motor durch eine Verkleidung aus Leichtmetall vor Beschuss schützte. Bewaffnet war der zweisitzige Rumpler-Aufklärer mit dem Spandau-Maschinengewehr MG 08/15.

Seitens der Motorisierung griffen die Rumpler-Ingenieure auf den Sechszylinder-Reihenmotor D III von Daimler mit einer Dauerleistung von 160 PS zurück. Ein robustes und in großen Stückzahlen verfügbares Aggregat mit 14,1 Litern Hubraum. Daraus ergab sich eine maximale Geschwindigkeit von 160 Stundenkilometern.

Noch in der ersten Jahreshälfte 1916 erfolgten der Erstflug, die Werkserprobung sowie die Tests durch die Militärs. Bis Mai 1917 wurden 39 Maschinen an die Kaiserlichen Marineflieger ausgeliefert. Im Luftkampf erwiesen sie sich als wenig wendig und behäbig. Trotz dieses Mankos kamen die Albatros 6B1 vor allem auf dem Schwarzmeer-Kriegsschauplatz erfolgreich zum Einsatz.

Im Januar 1918 begann die Auslieferung der Rumpler 6B2. Diese Weiterentwicklung basierte auf der 6B1 sowie dem Kampfflugzeug C.IV. Spannweite und Rumpfausmaße wuchsen ebenso an wie das Leergewicht und die maximal mögliche Zuladung. Gegenüber dem Vorgänger konnte die 6B2 mit einer Steigzeit von lediglich 18 statt 23 Minuten auf 3000 Meter punkten. Vorgesehen war eine Motorisierung mit einem 260 PS-Triebwerk von Daimler, was aufgrund von Lieferengpässen im letzten Kriegsjahr nicht realisiert werden konnte. So kam weiterhin der Daimler D III zum Einsatz. Von der Rumpler 6B2 wurden 40 Exemplare gebaut.

Eine Rumpler 6B2 gelangte 1917 in den Besitz der Niederlande und kam ab 1919 in Niederländisch-Ostindien zum Einsatz.

Museumstipp: Die einzige noch existierende Rumpler 6B1 ist in Finnland ausgestellt Sie kann im Hallinportti Aviation Museum beim Halli Airport nahe der Stadt Jämsä im Südwesten des Landes in gut restauriertem, aber unvollständigem Zustand besichtigt werden.

Kontakt und Info: www.museo24.fi

Technische Daten	
Hersteller	Edmund-Rumpler-Flugzeugwerke GmbH
Typ	6B1
Gebaut ab	1916
Motor	Daimler D III, wassergekühlter Reihensechszylinder
Leistung (kW/PS)	117,7/160
Höchstgeschwindigkeit (km/h)	153
Reichweite (km)	550
Länge (m)	9,38
Höhe (m)	3,50
Spannweite (m)	12,04
Startmasse (kg)	1138
Besatzung	2

Friedrichshafen FF 49

Die Abmessungen der FF 49 hatten sich gegenüber den Vorgängern deutlich vergrößert.

Bild oben rechts: Geschützt hinter einer Blechverkleidung war der Benz Bz IV platziert.

Wie so oft in der Geschichte, waren Krieg und Rüstung ein kräftiger Impulsgeber technischer Entwicklungen. Das gilt in besonderem Maß für den rasanten Fortschritt bei den Flächenflugzeugen während des Ersten Weltkriegs. Die Forderungen der Militärs nach immer mehr Leistung und Effizienz trieben die Hersteller zu Höchstleistungen an.

Die letzte Variante der seit 1914 in hohen Stückzahlen gebauten Friedrichshafen FF 33, der Typ j, diente als Basis für die FF 49. Sie war in ihren Abmessungen deutlich größer dimensioniert und vor allem stärker motorisiert. Verbaut wurde der Benz-Reihensechszylinder Bz IV mit 18 Litern Hubraum und eindrucksvollen 240 PS gegenüber den 160 PS des Vorgängers. Das Leistungsplus wurde durch ein 30-prozentiges Anheben des Hubvolumens, einen Doppelvergaser sowie jeweils zwei Ein- und Auslassventile pro Zylinder erreicht. Die Ventilsteuerung arbeitete über zwei untenliegende Nockenwellen.

Bei den Fliegern von Heer und Marine waren diese Motoren, von denen bis Kriegende rund 6500 Stück bei Benz & Cie in Mannheim entstanden, wegen ihrer Zuverlässigkeit geschätzt. Ein großer Teil der damaligen Flugzeugverluste ereignete sich weniger durch Feindeinwirkung, sondern auf Grund technischer Defekte.

Innerhalb von acht Minuten erreichte die zweiköpfige Besatzung eine Flughöhe von 1000 Metern. 700 Kilometer betrug die Reichweite der FF 49, etwa fünfeinhalb Stunden die maximal mögliche Flugdauer. Die Bewaffnung bestand aus zwei wassergekühlten Maschinengewehren MG 08/15 im Kaliber 7,92 Millimeter.

Wegen ihrer äußerst robusten Bauweise war die Friedrichshafen FF 49 in der Lage, auch im Hochseeeinsatz bei schwierigen Seegangsverhältnissen sicher starten und landen zu können. Neben dem Einsatz als Aufklärungs- und Kampfflugzeug fand die Maschine als Seenotflieger zur Bergung abgestürzter Besatzungen und Schiffbrüchiger erfolgreich Verwendung. Die Tatsache, dass sämtliche Doppeldecker dieser Baureihe mit einem Funkgerät ausgerüstet waren, erweiterte zusätzlich das Einsatzspektrum.

In der Ausführung FF 49b war die Maschine als Bomber ausgelegt. Der Beobachter war gleichzeitig auch Bombenschütze und Funker. Er rückte in diesen Situationen auf die Position hinter den Motor und vor den Piloten. 25 Exemplare wurden von diesem Doppeldecker gebaut.

Aus der Vogelperspektive: FF 39 über der Küste Flanderns.

Unter der Bezeichnung FF 49c fertigte die Flugzeugbau Friedrichshafen GmbH bis Kriegsende weitere 235 Maschinen hauptsächlich für den Kampf- und Aufklärungseinsatz. Zehn davon wurden von den Hanseatischen Flugzeugwerken Karl Caspar in Hamburg in Lizenz gebaut.

Technische Daten	
Hersteller	Flugzeugbau Friedrichshafen
Typ	FF 49
Gebaut ab	1917
Motor	Benz Bz IV, wassergekühlter Reihensechszylinder
Leistung (kw/PS)	176,5/240
Höchstgeschwindigkeit (km/h)	140
Reichweite (km)	700
Länge (m)	11,65
Höhe (m)	4,50
Spannweite (m)	17,15
Startmasse (kg)	2147
Besatzung	2

Hansa-Brandenburg W.12

Die Konstruktion der W.12 trug die Handschrift von Ernst Heinkel.

In den letzten beiden Jahren des Ersten Weltkriegs rückte der Luftkampf zwischen den gegnerischen Jagdfliegern immer stärker in den Fokus des Kriegsgeschehens. Nicht nur über Land, sondern auch über See. Zwar waren die bisherigen Seeaufklärer der Kaiserlichen Marine durchaus wehrhaft, hatten aber gegenüber den schnellen und wendigen britischen Jägern im direkten Schlagabtausch das Nachsehen.

Erinnerungsfoto an einem belgischen Sandstrand.

Um dem wirkungsvoll zu begegnen, erteilte das Marineamt den Hansa- und Brandenburgischen Flugzeugwerken im September 1917 den Auftrag zur Entwicklung eines dem Gegner ebenbürtigen Jägers. Unter der Leitung von Chefkonstrukteur Ernst Heinkel entstand die mit Doppelschwimmern ausgestattete W.12. Ihm diente der zweisitzige Landaufklärer Hansa-Brandenburg K als Konstruktionsgrundlage. Von der Auftragserteilung bis zum ersten Prototypen gingen gerade einmal acht Wochen ins Land.

Heinkel setzte vehement auf Leichtbauweise. Während die vergleichbare Friedrichshafen FF 49 mit gut 1,5 Tonnen Leergewicht daherkam, brachte die W.12 nur knapp eine Tonne auf die Waage. Der 165 PS starke Mercedes-Sechszylindermotor mit 14,8 Litern Hubraum hatte keinerlei Mühe, die Maschine zu fliegerischen Höchstleistungen zu bringen. 160 Stundenkilometer maximale Geschwindigkeit und eine enorme Steigleistung wussten seinerzeit zu überzeugen. Hinzu kam eine schwere Bewaffnung mit zwei starren Maschinengewehren 08/15 im Kaliber 7,92 Millimeter, die nach vorne durch den Propeller feuerten. Ein weiteres, nach hinten zielendes bewegliches MG wurde vom Beobachter bedient.

Die Abnahmeflüge beim Seeflugzeug-Versuchskommando absolvierte der Prototyp im Januar 1917 mit Bravour. Im Werk in Briest an der Havel entstanden bis Kriegsende 136 Maschinen dieses Typs. Sie kamen als Kampf- und Aufklärungsflugzeuge vorwiegend bei den beiden in Westflandern gelegenen Seefliegerstationen Zeebrügge und Ostende zum Einsatz.

Eine Episode am Rande: Der W.12 war nach dem Ende des Ersten Weltkriegs eine zweite Karriere vergönnt. Eine nahe der westfriesischen Insel Rottumeroog notgelandete Maschine wurde in den Niederlanden wieder flottgemacht und konnte durch ihre guten Flugeigenschaften einmal mehr überzeugen. Das Unternehmen Van Berkel's Patent in Rotterdam erwarb die Lizenz und baute unter der Bezeichnung Van Berkel W-A weitere 35 Doppeldecker. Sie blieben bei der niederländischen Marine und in den niederländischen Kolonien bis 1933 im Einsatz.

Zwei Maschinengewehre schossen durch die rotierende Luftschraube.

Technische Daten	
Hersteller	Hansa- und Brandenburgische Flugzeugwerke
Typ	W.12
Gebaut ab	1917
Motor	Mercedes D.III, wassergekühlter Reihensechszylinder
Leistung (kW/PS)	121/165
Höchstgeschwindigkeit (km/h)	160
Reichweite (km)	520
Länge (m)	9,60
Höhe (m)	3,30
Spannweite (m)	11,20
Startmasse (kg)	1463
Besatzung	2

Hansa-Brandenburg W.33

Schwer bewaffnet und im Luftkampf äußerst wendig: die W.33.

Neue Wege beschritt Ernst Heinkel im letzten Jahr des Ersten Weltkriegs mit der zweisitzigen Hansa-Brandenburg W.33. Als erstes Seeflugzeug der Kaiserlichen Marine war diese Maschine nicht als Doppeldecker, sondern als verspannter Tiefdecker ausgeführt. Durch den auf diese Weise geringeren Luftwiderstand erzielte man eine höhere Endgeschwindigkeit und verbesserte die Manövriereigenschaften.

Die äußeren Schwimmerstreben stützten die Trapezflügel.

Die zweiteiligen Trapezflügel schlossen von außen an den Rumpf an und wurden zusätzlich von den außengelegenen Schwimmerstreben stabilisiert. Das Rumpfgerüst bestand aus Sperrholz und war mit Stoff bespannt, während Heck und Nase holzbeplankt waren. Die Tragflächen sowie die Seitenflosse und das Leitwerk waren ebenfalls mit Stoff bezogen.

Die Maybach-Motorenbau GmbH steuerte ihren bereits in den Luftschiffen von Heer und Marine bewährten „Höhenluft-Motor" Mb IV bei. Der Reihensechszylinder mit 22,8 Litern Hubraum leistete 245 PS und war von seinen Konstrukteuren bewusst überdimensioniert worden, um den Leistungsverlust in großen Höhen mit dünner Luft zu kompensieren. Der Maybach besaß drei

W.33 im Einsatz bei den dänischen Marinefliegern.

Bild oben links: Das erste Kaiserliche Seeflugzeug in Tiefdecker-Bauweise.

Vergasereinstellungen, mit denen der Flugzeugführer das Kraftstoff-Luftgemisch der Höhe anpassen konnte.

Wie bei der Hansa-Brandenburg W.12 schossen auch bei der W.33 zwei vom Piloten ausgelöste starre Maschinengewehre nach vorn und der Beobachter mit einem beweglich MG in den hinteren Sektor. Einfluss auf das Kriegsgeschehen hatte das Seeflugzeug jedoch nicht mehr. Lediglich 26 Exemplare trafen im Herbst 1918 bei den Seefliegerstationen der Kaiserlichen Marine ein.

Doch das Kriegsende bedeutete nicht zwangsläufig das Aus für die Hansa-Brandenburg W.33. Einige Maschinen übernahmen die Marineflieger Dänemarks. In den späten 20er-Jahren entstanden in Finnland unter der Bezeichnung A.22 insgesamt 120 Maschinen in Lizenzfertigung, die in unterschiedlichen Varianten bis 1936 in der finnischen Armee Verwendung fanden. Die Konstruktion der W.33 diente außerdem als Vorbild für die Friedrichshafen FF 63, den Ganzmetall-Eindecker Junkers J 11 oder die Zeppelin-Lindau (Dornier-Werle) CS.I.

Technische Daten	
Hersteller	Hansa- und Brandenburgische Flugzeugwerke
Typ	W.33
Gebaut ab	1918
Motor	Maybach Mb IV, wassergekühlter Reihensechszylinder
Leistung (kW/PS)	183/245
Höchstgeschwindigkeit (km/h)	175
Reichweite (km)	730
Länge (m)	11,10
Höhe (m)	3,39
Spannweite (m)	15,85
Startmasse (kg)	2045
Besatzung	2

Marineflugzeuge der ersten Generation

Auf den vorangegangenen Seiten sind die wichtigsten Maschinen abgebildet, die den Piloten der Marinefliegerabteilung der Kaiserlichen Marine bis zum Ende des Ersten Weltkriegs zur Verfügung standen. Bedingt durch die rasante technische Entwicklung in diesem frühen Stadium befanden sich die Flugzeug- und Motorenhersteller in einer permanenten Experimentierphase. Modellwechsel im Jahresrhythmus waren nicht ungewöhnlich, waren oftmals die Regel. Es entstanden diverse Seeflugzeuge in kleinen Serien. Hier ein Überblick.

Fritzsche-Rumpler-Eindecker E1, 1911.

Prototyp Friedrichshafen FF 17 mit Mittelschwimmer.

Hirth-Seeflugzeug, 1914.

Albatros MZ 2, 1912.

Bild unten rechts: Hansa-Brandenburg Abwehrflugboot CC, 1916.

Oertz-Flugboot, 1915.

Bild unten links:
Hansa-Brandenburg W.29 Jagdflugzeug, 1918.

Bild unten rechts::
Hansa-Brandenburg GW Torpedoflugzeug, 1916.

Dornier Rs II Doppeldecker-Flugboot, 1916.

Die Marineluftschiffabteilung der Kaiserlichen Marine

Parallel zu den Seefliegern entstand – ebenso ausgelöst von der Allerhöchsten Kabinettsordre am 3. Mai 1913 durch Kaiser Wilhelm II – die Marineluftschiffabteilung zunächst als selbstständige militärische Einheit, ab August 1914 unter der obersten zentralen Kommandostelle des gesamten Marine-Luftfahrwesens. Bereits im April 1912 hatte das Reichsmarineamt mit dem Zeppelin L 1 ein Luftschiff für die Kaiserliche Marine in Auftrag gegeben.

Marineluftschiff Zeppelin Typ h

L 1 war das 14. Luftschiff, das von der Luftschiffbau Zeppelin gebaut wurde.

Die zweite tragende Säule der frühen Marinefliegerei waren neben den Seeflugzeugen die Luftschiffe. Ferdinand Graf von Zeppelin erwarb 1898 das Patent für einen „Lenkbaren Luftzug", woraus er seine Idee für ein Starrluftschiff entwickelte. Im Jahr darauf erhob sich seine erste Konstruktion mit der Baunummer LZ 1 über dem Bodensee erstmals in die Lüfte. Den dritten, 1906 gebauten Zeppelin LZ 3 erwarb 1908 das Kaiserliche Heer und nutzte ihn zur Ausbildung künftiger Luftschiffer.

Die Reste des ersten Marineluftschiffs versinken in der Nordsee.

Das erste Luftschiff der Kaiserlichen Marine war LZ 14 und erhielt bei den Seefliegern die Bezeichnung L 1. Es kostete 850 000 Reichsmark und war stationiert auf dem Flugplatz Johannisthal, anschließend in Hamburg Fuhlsbüttel. L 1 war ein Zeppelin vom Typ h, seine Schwesterschiffe waren LZ 15 bis LZ 17, die beim Heer sowie als zivile Einheit „Sachsen" eingesetzt waren.

Am 4. Januar 1913 hatte L 1 seinen ersten Aufstieg unter der Flagge der Kaiserlichen Marine. Mit an Bord war Großadmiral Alfred von Tirpitz, der in den neuen Luftschiffen vor allem hervorragende Fernaufklärer für die Einheiten seiner Flotte sah.

Tatsächlich diente L 1 hauptsächlich zur Schulung von Luftschiffpersonal und der Erprobung der neuen Waffengattung. Dabei stellte sich he-

Jungfernflug des ersten deutschen Marineluftschiffs über Friedrichshafen.

Zeitdokument: Die Besatzung von L 1 vor dem Start ihres Luftschiffs.

Der erste Zeppelin der Kaiserlichen Marine 1913 auf dem Luftschiffhafen Hamburg-Fuhlsbüttel.

Großadmiral von Tirpitz verlässt die Gondel.

raus, dass zukünftige Luftschiffe über mehr Auftrieb und stärkere Motoren verfügen mussten.

Insgesamt 68 Fahrten absolvierte L 1. Ihre letzte endete am 9. September 1913 tragisch, 18 Seemeilen nördlich von Helgoland während des Herbstmanövers der Flotte. Das Luftschiff geriet in eine Schlechtwetterfront und wurde trotz Abwerfen allen Ballasts in die tobende See gedrückt. Nur sechs Besatzungsmitglieder überlebten, 14 Soldaten verloren ihr Leben.

Bild unten rechts: Einfahrt in die Luftschiffhalle.

Technische Daten

Hersteller	Luftschiffbau Zeppelin GmbH
Werksnummer	LZ 14-LZ 17
Gebaut	1912
Motor	3 x Maybach, wassergekühlter Reihensechszylinder
Leistung (kW/PS)	3 x 121,4/165
Höchstgeschwindigkeit (km/h)	76
Reichweite (km)	730
Länge (m)	158
Durchmesser (m)	14,9
Traggasvolumen (m^3)	22 470
Gaszellen	18
Leermasse (kg)	16 710
Nutzlast (kg)	9400
Besatzung	20

Bild links:
Absturz der L 1, Illustration von Achille Beltrame aus dem Jahr 1913.

Gedenkblatt, persönlich „Entworfen von Seiner Majestät dem Kaiser und Könige Wilhelm II."

L 1 passiert den Hapag-Passagierdampfer „Imperator" im Hamburger Hafen.

Marineluftschiff Zeppelin Typ i

L 2 hebt ab vom Flugfeld Johannisthal, die Halteleinen im Heckbereich sind bereits losgeworfen.

Ihr zweites Luftschiff – die L 2 – erhielt die Luftschiffabteilung der Kaiserlichen Marine nach vorheriger ausgiebiger Erprobung am 17. Oktober 1913 – und verlor es noch am gleichen Tag: Bei seinem ersten Aufstieg mit Marinebesatzung sprang zunächst einer der vier Motoren nicht an. Man startete trotzdem, als in 200 Metern Höhe über dem Flugfeld Johannisthal eine Stichflamme die Außenhaut in Brand setzte. Binnen Sekunden brannte L 2 lichterloh und stürzte zu Boden. Die komplette Besatzung sowie zusätzliches technisches Personal – insgesamt 28 Männer – überlebten das Unglück nicht.

L 2 wurde unter der Baunummer LZ 18 bei Zeppelin in Friedrichshafen gefertigt. Bezeichnet als Typ i, blieb dieser Zeppelin ein Einzelstück. Er besaß drei Gondeln, die durch erstmals innerhalb des Rumpfs platzierte Laufgänge verbunden waren. Zum Schutz gegen den Fahrtwind und widriges Wetter war die Brückengondel mit leichtem Cellulose-Stoff bespannt. Ein weiteres Novum war die Beschichtung der insgesamt 18 Gaszellen mit sogenannter Goldschlägerhaut. Dabei handelte es sich um gewaschenen Rinderdarm, dessen oberste Hautschicht abgezogen, gespannt und getrocknet wurde. Nach einer chemischen Behandlung war dieses Material extrem leicht und gasundurchlässig. Etwa 50 000 Rinderdärme waren zur Herstellung einer Gaszelle notwendig.

Erstmals kam bei diesem Zeppelin der von Maybach neuentwickelte Reihensechszylinder CX mit 22,8 Litern Hubraum zum Einsatz. Er besaß eine selbsttätige Zündzeitpunkt-Verstellung mit Benzindüsen-Regulierung, um auch in großen Höhen ein möglichst optimales Kraftstoff-Sauerstoffgemisch zu verbrennen. Der Dieselmotor wartete zunächst mit allerlei Kinderkrankheiten auf, die später von den Ingenieuren beseitigt wurden. Insgesamt 28 Luftschiffe waren mit dem Maybach CX ausgestattet.

Gut zu erkennen sind die beiden Motorengondeln und die vier außenliegenden Luftschrauben.

Der Rumpf von L 2 ist völlig ausgebrannt ...

... lediglich Teile der Gondel sind noch erkennbar.

Rauchentwicklung, die Katastrophe nimmt ihren Lauf.

Technische Daten	
Hersteller	Luftschiffbau Zeppelin GmbH
Werksnummer	LZ 18
Gebaut	1913
Motor	4 x Maybach-CX, wassergekühlter Reihensechszylinder
Leistung (kW/PS)	3 x 134/180
Höchstgeschwindigkeit (km/h)	75
Reichweite (km)	2100
Länge (m)	158
Durchmesser (m)	16,6
Traggasvolumen (m^3)	27 000
Gaszellen	18
Leermasse (t)	20,25
Nutzlast (t)	11,1
Besatzung	23

Marineluftschiff Zeppelin Typ m

Flottenmanöver in der Nordsee: Blick aus der Gondel während einer Aufklärungsfahrt.

Trotz der tragischen Verluste von L 1 und L 2 hielt die Marineleitung am Luftschiff zur Nah- und Fernaufklärung über See fest. L 3 war der erste Zeppelin vom Typ m, von dem bis März 1915 sechs Einheiten an die Marine und nochmals sechs an das Heer geliefert wurden. Erstes Exemplar dieser Baureihe war L 3, das am 11. Mai 1914 nach einer 35-stündigen Erprobungsfahrt von der Luftschiffabteilung übernommen wurde.

Beim Ausbruch des Ersten Weltkriegs war L 3 das einzige Luftschiff der Kaiserlichen Marine. Ende August 1914 wurde L 4 in Dienst gestellt. Gemeinsam fuhren die beiden Einheiten in der Nacht vom 19. auf den 20. Januar 1915 den ersten Bombenangriff gegen England. Dabei wurden an der Ostküste Städte aus verschiedenen Höhen mit Spreng- und Brandbomben attackiert. Beide Zeppeline gingen während eines Aufklärungseinsatzes im Orkan über der Nordsee durch Notlandungen verloren. Vier Besatzungsmitglieder starben, die Überlebenden wurden in Dänemark interniert.

L 5 bewährte sich bei mehreren Aufklärungsfahrten in der Nord- und Ostsee, bevor es am 7. August 1915 durch russischen Beschuss schwer beschädigt wurde und abgewrackt werden musste. Nach mehreren Aufklärungs- und Bombeneinsätzen verbrannte L 6 – zeitgleich mit L 9 – am 16. September 1916 in einem Hangar in Hamburg-Fuhlsbüttel. Traggas hatte sich durch Unachtsamkeit während des Befüllvorgangs entzündet.

Die erste von einer ganzen Reihe von Aufklärungseinsätzen von L 7 fand am 20. November 1914 statt. Vier vergebliche Bombenangriffe auf Ziele in England zählen außerdem zur Bilanz. Zwei britische Leichte Kreuzer beschossen und beschädigten die Gaszellen von L 7. Das britische U-Boot E 31 entdeckte den Zeppelin in niedriger

Kraftakt für die Bodencrew: L 3 wird in den Hangar gezogen.

Höhe bei Horns-Riff an der dänischen Küste und schoss ihn mit der Bordartillerie ab. Elf Luftschiffer starben, sieben Besatzungsmitglieder wurden von E 31 gerettet.

L 8 erhielt am 5. März 1915 bei der Rückkehr von einem Einsatz Artillerietreffer von der nahen Flandernfront. Vier Gaszellen waren leck. Starker Wind und Regen zwangen das Luftschiff zur Notlandung. L 8 musste wegen der irreparablen Schäden abgewrackt werden.

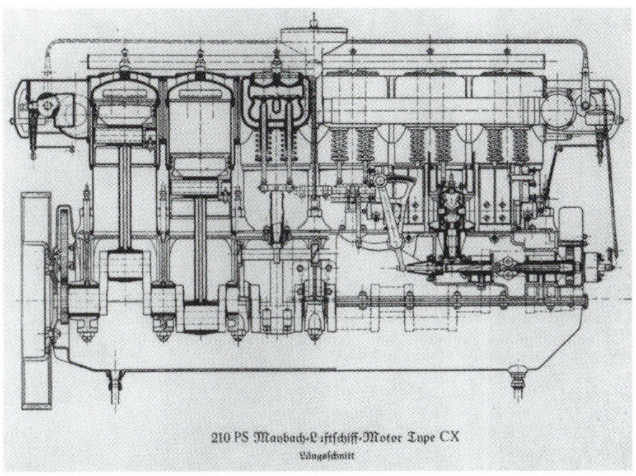

Kleines Bild unten links: Schnittzeichnung des Maybach-CX-Luftschiffmotors.

Inspektionsgang zwischen den Gaszellen.

Technische Daten

Hersteller	Luftschiffbau Zeppelin GmbH
Werksnummern	LZ 24, LZ 27, LZ 28, LZ 31-LZ 33
Gebaut	1914-1915
Motor	3 x Maybach-CX, wassergekühlter Reihensechszylinder
Leistung (kW/PS)	3 x 154,5/210
Höchstgeschwindigkeit (km/h)	81
Reichweite (km)	2100
Länge (m)	158
Durchmesser (m)	14,9
Traggasvolumen (m^3)	22 470
Gaszellen	18
Leermasse (t)	16,9
Nutzlast (t)	8,2
Besatzung	23

Marineluftschiff Schütte-Lanz Typ E

Formschön und aerodynamisch: die Schuette-Lanz-Luftschiffe.

Bis heute steht das seinerzeit in Rheinau bei Mannheim produzierende Unternehmen Luftschiffbau Schütte-Lanz im Schatten Zeppelins. Gegenüber dem Konkurrenten vom Bodensee setzte man statt auf Aluminium auf Espenholz beim Bau des rautenförmigen Gerippes, bei dem die längstragenden Streben spiralförmig verliefen und so für zusätzliche Stabilität sorgten. Konstrukteur Johann Schütte realisierte verschiedene aerodynamische und technische Verbesserungen. Einfach konstruiert, aber wirkungsvoll waren die horizontalen und vertikalen Stabilisierungs- und Steuerflächen am schlankauslaufenden Spitzheck.

Nach zwei für das Heer gefertigten Prototypen übernahmen die fliegenden Seestreitkräfte das Luftschiff SL 3, das am 5. Februar 1915 seine Erstfahrt gemeistert hatte. 30 Aufklärungseinsätze absolvierte es, bevor es nach 15-monatiger Dienstzeit nach einer Notladung abgewrackt werden musste. SL 4 kam am 25. April 1915 zur Luftschiffabteilung, führte rund ein Dutzend Fahrten durch und wurde am 14. Dezember 1915 im Orkan am Boden zerstört. Auch das Leben von SL 6 war von kurzer Dauer: Lediglich zwei Monate war das Luftschiff im Dienst, als es am 10. November 1915 unmittelbar nach dem Start in Flammen aufging. Bei diesen drei Exemplaren handelte es sich um Einzelanfertigungen mit einer Länge von 153 bis 163 Metern Länge, angetrieben von vier Maybach CX-Motoren mit einem Hubraum von jeweils 22,9 Litern und 210 PS. Das Füllvolumen der Gasbehältnisse lag zwischen 32 400 und 35 100 Kubikmetern.

Es folgten vier weitere Marineluftschiffe von Schütte-Lanz mit der Typbezeichnung E. Am 30. März 1916 unternahm mit SL 8 der Erstling dieser Baureihe seine Jungfernfahrt. 20 Monate später, nach 3 Bomben- und 34 Aufklärungseinsätzen, wurde das Luftschiff als technisch veraltet aus der Flotte genommen. 13 Aufklärungsfahrten und vier Bombenangriffe absolvierte die seit dem 1. November 1916 in Dienst befindliche SL 9, die am 30. März 1917 über der Danziger Bucht spurlos verschwand. Am 9. November 1916 machte SL 12 seine erst Luftreise und ging bereits acht Wochen später bei einem verunglückten Startmanöver verloren. Auf lediglich vier Einsätze brachte es SL 14. Am 23. August 1916 machte das Luftschiff seine erste Fahrt und musste im Mai 1917 nach einem Unfall abgewrackt werden.

Als Antrieb für die Typ E-Luftschiffe bezog Schütte-Lanz die von Maybach neu entwickelten HS-Lu-Motoren. Der Diesel besaß fünf Ven-

SL 20 explodierte nach drei Einsatzfahrten im Hangar.

tile pro Zylinder, zwei für den Einlass und drei für den Auslass. Sie waren hängend angeordnet und arbeiteten mit Stoßstangensteuerung. Zwei brandsichere Maybach-Vergaser, Doppelzündung durch zwei Magnete und zwei Zündkerzen pro Zylinder sowie Druckumlaufschmierung mit Frischölzusatz waren weitere technische Merkmale des HS-Lu.

Noch zwei weitere Schütte-Lanz-Luftschiffe des neuen Typs F gab das Marineamt in Auftrag. SL 20 stieß am 10. September 1917 zur Luftschiffabteilung und ging bereits nach drei Unternehmungen und neun Wochen nach seiner Abnahme durch eine Explosion und anschließenden Vollbrand im Hangar verloren. SL 22 meisterte zwar noch seine Abnahmefahrt am 5. Juni 1918, kam aber nicht mehr zum Einsatz. Im Sommer 1920 erfolgten die Demontage und die anschließende Übergabe an die Siegermächte. SL 23 und SL 24 waren bereits in Auftrag gegeben, wurden aber nicht vollendet.

Für Marine und Heer baute Schütte-Lanz bis zum Kriegsende 22 Luftschiffe, von denen die letzten beiden nicht mehr fertiggestellt wurden. Die Konstruktionen galten als innovativ, genossen aber weniger Ansehen als die Zeppeline. Vor allem bei der Kaiserlichen Marine misstraute man der Holzbauweise. Ein Grund für die relativ wenigen Einsatzfahrten der Einheiten der Zeppelin-Konkurrenten. Fregattenkapitän Peter Strasser, Führer der Marineluftschiffe, verweigerte sogar die Abnahme des neuen Typ F. Bei Nebel, Regen sowie Fahrten durch die Wolken lösten sich geleimte und furnierte Holzverbindungen. Auch eine Gewichtszunahme durch Feuchtigkeit wurde in der Praxis registriert. Schütte-Lanz begann damit, ein Metallgerippe aus Duraluminium herzustellen, doch das Ende des Ersten Weltkriegs verhinderte diese Entwicklung.

Technische Daten	
Hersteller	Luftschiffbau Schütte-Lanz
WerksnummernTyp E:	SL 8, SL 9, SL 12, SL 14
Gebaut	1916
Motor	4 x Maybach-HS-Lu, wassergekühlter Reihensechszylinder
Leistung (kW/PS)	4 x 176,5/240
Höchstgeschwindigkeit (km/h)	92
Reichweite (km)	k.A.
Länge (m)	174
Durchmesser (m)	20,1
Traggasvolumen (m^3)	38 780
Gaszellen	15
Leermasse (t)	k.A.
Nutzlast (t)	21
Besatzung	21

Marineluftschiff Zeppelin Typ o

Aufstieg von L 9 vor dem Hangar der Zeppelin-Werft in Friedrichshafen.

Die Baureihe o markierte einen Übergang raus aus dem Experimentierstadium und hin zu Zeppelinen, die eindeutig für eine rein militärische Verwendung konzipiert waren. Lediglich zwei Exemplare baute Zeppelin: L 9 für die Marine und LZ 39 für das Heer. Sie waren größer als die Luftschiffe Typ m, waren schneller, wendiger und besaßen eine höhere Nutzlast.

Am Heck besaß L 9 ein Kreuzleitwerk ohne zusätzliche Ruderflächen. Das Traggasvolumen von 24 900 Kubikmetern Wasserstoff verteilte sich aus 15 statt bislang 18 Gaszellen. Im Frontbereich der vorderen, nun voll verkleideten Gondel befand sich der Fahr- und Kommandostand, im Heckbereich einer der drei, auf einen Druckpropeller wirkenden Maybach-Motoren. Die anderen beiden waren in der hinteren Gondel platziert. Fernwellen übertrugen die Kraft zu den seitlich am Rumpf montierten Luftschrauben. Zehn Maschinengewehre bildeten die Bewaffnung der Typ o-Zeppeline. Zwei davon waren in einem Abwehrstand vorne auf der Oberseite des Rumpfes untergebracht. Außerdem konnte L 9 – je nach Gasbefüllung – bis zu einer Tonne Bombenmunition tragen.

L 9 machte seine Erstfahrt am 8. März 1915 und fand in der Folge bei diversen Bomben- und Aufklärungseinsätzen Verwendung. Zusammen mit

Bild rechts: Maschinengewehrstand auf dem Rücken eines Marineluftschiffs.

Propagandistische Abbildung eines Zeppelin-Angriffs auf die britische Insel.

L 6 ging das Luftschiff am 16. September 1916 durch einen Fehler beim Befüllen mit Wasserstoff in Flammen auf und verbrannte komplett im Hangar in Hamburg-Fuhlsbüttel.

Technische Daten	
Hersteller	Luftschiffbau Zeppelin GmbH
Werksnummer	LZ 36
Gebaut	1915
Motor	3 x Maybach-CX, wassergekühlter Reihensechszylinder
Leistung (kW/PS)	3 x 154,5/210
Höchstgeschwindigkeit (km/h)	85
Reichweite (km)	2300
Länge (m)	161,4
Durchmesser (m)	16
Traggasvolumen (m^3)	24 900
Gaszellen	15
Leermasse (t)	18,4
Nutzlast (t)	10,5
Besatzung	22

Marineluftschiff Zeppelin Typ p

Unmittelbar nach dem Start nimmt L 15 Kurs zu einer Aufklärungsfahrt.

Die Zeppeline vom Typ b bildeten die in der größten Stückzahl gefertigte Klasse überhaupt. Sie basierten auf den beiden Typ o-Einheiten. 21 Exemplare dieser Klasse entstanden in Friedrichshafen, davon zehn für die Kaiserliche Marine. Sie besaßen vier Maybach-Motoren, waren länger, hatten einen größeren Durchmesser und somit ein höheres Traggasvolumen.

Am 13. Mai 1915 stellte die Kaiserliche Marine L 10 in Dienst, das erste Marineluftschiff der Zeppelin-Baureihe p. Bereits vier Monate später ging es kurz nach dem Start in Nordholz verloren: Abgelassenes Wasserstoffgas mischte sich mit Sauerstoff zu Knallgas, das durch einen Blitzschlag beim Durchqueren einer Gewitterfront entzündet wurde. L 10 stürzte als brennende Fackel zur Erde, niemand überlebte. L 11 machte 118 Fahrten an der Kriegsfront sowie weitere 276 im Schulbetrieb, bevor es im Frühjahr 1917 ausgemustert und demontiert wurde. Durch Beschuss bei einem Angriff auf London am 9. August 1915 erlitt L 12 starke Schäden. Von einem deutschen Zerstörer ins belgische Ostende geschleppt, fing der Zeppelin dort Feuer und verbrannte, ohne dass Menschen zu Schaden kamen.

50 Einsatzfahrten überstand L 13 schadlos, wurde im April 1917 als veraltet aus der Flotte genommen und abgerüstet. L 14 überstand das Kriegsgeschehen, seine Besatzung zerstörte es im Juli 1919. Nach britischem Flak-Beschuss über London strandet L 15 am 1. April 1916 schwer getroffen vor der Themsemündung. Der englische Zerstörer „Vulture" rettete die Besatzung, einzig der Höhensteuermann starb im Wrack des versinkenden Zeppelins.

Neben Aufklärungs- und Angriffsfahrten kam L 16 im strengen Winter 1916/17 auch zur Versorgung der deutschen Nordseeinseln zum Einsatz. Bei einer Ausbildungsreise riss während des Landemanövers die vordere Gondel ab, der führerlose Zeppelin strandete und musste später abgebrochen werden. L 17 und L 18 verbrannten ohne Feindeinwirkung in ihrem Hangar auf dem Stützpunkt im heute dänischen Tønder.

Dramatisch war das Ende von L 19: Auf dem Rückweg von einem Angriff auf England erhielt das Luftschiff am 1. Februar 1916 im Nebel über

Bild rechts: L 10, das Typschiff der Zeppelin-Baureihe p.

L 12 stark beschädigt nach feindlichem Beschuss.

den Niederlanden Flak-Beschuss wegen Neutralitätsverletzung. Der Zeppelin machte eine Notwasserung und trieb noch zwei Tage in der Nordsee. Der englische Fischdampfer „King Stephen" befand sich in unmittelbarer Nähe, weigerte sich jedoch völkerrechtswidrig, die Luftschiffer zu retten und überließ sie ihrem Schicksal. Die Besatzung des Zeppelins ertrank, berichtete zuvor mittels Flaschenpost über den Vorfall.

Im Frühjahr 1917 erfolgte die Einstellung der Heeresluftschifffahrt. LZ 58 wurde unter der Bezeichnung L 25 von der Luftschiffabteilung der Kaiserlichen Marine übernommen, jedoch nur zu Testzwecken genutzt und im September des gleichen Jahrs abgerüstet.

Bild links: In der Kommandogondel von L 11.

L 15 versinkt in der Mündung der Themse.

Überstand den Ersten Weltkrieg unbeschadet: L 14.

L 10, L 11 und L 12 in Geschwaderfahrt über der Nordsee.

Doppeldrehhalle für Marineluftschiffe in Nordholz.

Technische Daten

Hersteller	Luftschiffbau Zeppelin GmbH
Werksnummern	LZ 40, LZ 41, LZ 43, LZ 45, LZ 46, LZ 48, LZ 50, LZ 52-LZ 54, LZ 58
Gebaut	1915-1916
Motor	4 x Maybach-HS-Lu, wassergekühlter Reihensechszylinder
Leistung (kW/PS)	4 x 176,5/240
Höchstgeschwindigkeit (km/h)	97
Reichweite (km)	4300
Länge (m)	163,5
Durchmesser (m)	18,7
Traggasvolumen (m^3)	31 900
Gaszellen	16
Leermasse (t)	21,7
Nutzlast (t)	15,4
Besatzung	19-21

Marineluftschiff Zeppelin Typ q

L 23 unterstützt die Minensuchverbände aus der Luft.

Die nächste Evolutionsstufe bei den Zeppelinen war der Typ q. Hierbei handelte es sich um eine verlängerte Version des Vorgängers Typ p. Er besaß zwei zusätzliche Gaszellen. Damit wuchs das Luftschiff um 15 Meter in seiner Länge. Durch das erhöhte Volumen stieg die Reichweite um 600 auf 4900 Kilometer an, die maximal mögliche Zuladung von 21,7 auf 23,9 Tonnen. Die Bestückung mit vier Maybach-Motoren der Baureihe HS-Lu mit zusammen 960 PS blieb hingegen unverändert.

Typschiff der q-Klasse war L 20, vom Hersteller LZ 59 benannt, und wurde 21. Dezember 1915 in Dienst gestellt. Bereits auf seiner dritten Fahrt mit Ziel England gab es Motorenprobleme. Der Zeppelin verdriftete nach Norwegen und wasserte in einem Fjord bei Stavanger. Drei Crew-Mitglieder starben, als die Gondel bei einer Kollision mit einem Felsen abriss. Die restlichen Besatzungsmitglieder überlebten, L 20 explodierte nach kontrolliertem Beschuss durch die norwegische Marine.

Nach 27 Einsätzen wurde L 21 am November 1916 durch britische Flieger mit Phosphormunition in Brand geschossen und vor der Küste Norfolks vernichtet. L 22 wurde nach 38 absolvierten Einsatzfahrten am 14. Mai 1917 durch britische Flugzeuge unweit der westfriesischen Insel Terschelling mit Bordwaffenbeschuss zum Absturz gebracht. L 23 ereilte das Schicksal am 21. August 1917, als es durch ein Bordflugzeug des englischen Leichten Kreuzers „Yarmouth" vor der dänischen Nordseeküste Jütlands abgeschossen wurde. Zuvor war dem Luftschiff ein aufsehenerregendes Husarenstück gelungen, als es am 23. April 1917 die norwegische Bark Royal in der Nordsee kaperte und mit einem Prisenkommando aus eigenen Besatzungsmitgliedern nach Cuxhaven überführte.

Am 28. Dezember 1916 kollidierte L 24 beim Einhallen in den Hangar im dänischen Tønder mit einer Hallenwand, entzündete sich und verbrannte vollständig.

Nach Motorproblemen trieb L 20 ab in einen norwegischen Fjord und wurde kontrolliert abgeschossen.

Technische Daten

Hersteller	Luftschiffbau Zeppelin GmbH
Werksnummern	LZ 59, LZ 61, LZ 64, LZ 66, LZ 69
Gebaut	1915-1916
Motor	4 x Maybach-HS-Lu, wassergekühlter Reihensechszylinder
Leistung (kW/PS)	4 x 176,5/240
Höchstgeschwindigkeit (km/h)	95
Reichweite (km)	4900
Länge (m)	178,5
Durchmesser (m)	18,7
Traggasvolumen (m^3)	35 800
Gaszellen	18
Leermasse (t)	23,9
Nutzlast (t)	17,5
Besatzung	18

Marineluftschiff Zeppelin Typ r

Start von L 30 auf dem Stützpunkt im niedersächsischen Ahlhorn.

Die Luftschiffe dieser Baureihe wurden zeitgenössisch als Superzeppeline bezeichnet. Gegenüber den Typen q waren sie 20 Meter länger, der schlanke Rumpf mittschiffs deutlich bauchiger ausgeführt. Diese Formgebung hatte eine bessere Aerodynamik und eine Erhöhung des Traggasvolumens zur Folge. Dadurch konnte die Nutzlast nahezu verdoppelt werden. Doch es gab auch handfeste Nachteile: Wegen ihrer Dimensionen waren die Zeppeline am Boden – während des Start- und Landevorgangs, beim Aus- und Einhallen – schwer zu handhaben. Darum bedurfte es großer Hilfsmannschaften.

Die Größe der Typ r-Luftschiffe machte es möglich, nunmehr sechs Motoren mit Druckluftschrauben zu verbauen, die von Maybach zugeliefert wurden. Einer befand sich am Heck der Führergondel, zwei weitere mittschiffs in Einzelgondeln und drei in der hinteren Gondel. Bewaffnet waren die Superzeppeline mit zehn Maschinengewehren. Drei davon waren auf der Oberseite des Rumpfs positioniert. Außerdem trugen sie eine Bombenlast bis maximal fünf Tonnen.

Insgesamt entstanden am Bodensee 17 Typ r-Luftschiffe. Lediglich zwei davon übernahm das Heer, da dessen Hangars für die erforderlichen Dimensionen zu klein waren. Das Typschiff L 30 stellte die Kaiserliche Marine am 28. Mai 1916 in

L 30, das Typschiff der r-Klasse.

Dienst. Es überstand den Ersten Weltkrieg unbeschadet, ebenso die Schwesterschiffe L 35, L 37 und L 41. L 47 wurde am 5. Januar 1918 durch eine gewaltige Explosion in der Luftschiffbasis im niedersächsischen Ahlhorn vernichtet.

Auf seiner dritten Einsatzfahrt ging L 39 am 17. März 1917 durch Flak-Beschuss über Frankreich verloren. L 31, L 32 und L 34 stürzten durch Waffeneinwirkung verursacht von gegnerischen Jagdflugzeugen über England ab. Durch Unfälle bei Starts und Landungen gingen L 36, L 38, L 45, L 40 und L 50 verloren.

Nach einem Bombeneinsatz auf London musste L 33 in der Grafschaft Essex notlanden. Anschließend setzte die Besatzung den Zeppelin in Brand. Anhand des verbliebenen Metallgerippes konnten englische Ingenieure die Konstruktion vermessen. Auf Basis dieser Daten entstanden die britischen Luftschiffe R 33 und R 34. Letzteres absolvierte im Sommer 1919 den ersten Nonstopflug in Ost-West-Richtung über den Atlantik.

Blick in eine der Motorengondeln von L 40.

Museumstipp: Die Kaiserliche Marine stellte L 30 am 17. November 1917 in Seerappen außer Dienst. Es wurde in seinem Hangar auf dem Stützpunkt im ostpreußischen Seerappen aufgehängt. 1920 erfolgte die Demontage und anschließende Auslieferung als Reparationsleistung an den belgischen Staat. Große Teile des wertvollen Metalls wurden verschrottet. Zwei Motorgondeln, ein Funkgerät sowie weitere Teile blieben hingegen erhalten. Sie sind im Königlichen Armeemuseum, dem Royal Museum of the Armed Forces and Military History in Brüssel, ausgestellt.

Kontakt und Info: www.klm-mra.be

Unbeschadet überstand L 30 über 40 Kriegseinsätze.

Englische Soldaten beerdigen die Gefallenen von L 32 mit militärischen Ehren.

Die verbrannten Reste von L 33.

Nach der Notlandung auf englischem Boden setzte die Besatzung von L 33 ihren Zeppelin in Brand.

Technische Daten	
Hersteller	Luftschiffbau Zeppelin GmbH
Werksnummern	LZ 62, LZ 72, LZ 74-LZ 76, LZ 78-LZ 80, LZ 82 - LZ 90
Gebaut	1916-1917
Motor	6 x Maybach-HS-Lu, wassergekühlter Reihensechszylinder
Leistung (kW/PS)	6 x 176,5/240
Höchstgeschwindigkeit (km/h)	103
Reichweite (km)	7400
Länge (m)	198
Durchmesser (m)	23,9
Traggasvolumen (m^3)	55 200
Gaszellen	19
Leermasse (t)	36,2
Nutzlast (t)	32,5
Besatzung	17

Marineluftschiffe Zeppelin Typ s, Typ t, Typ u und Typ v

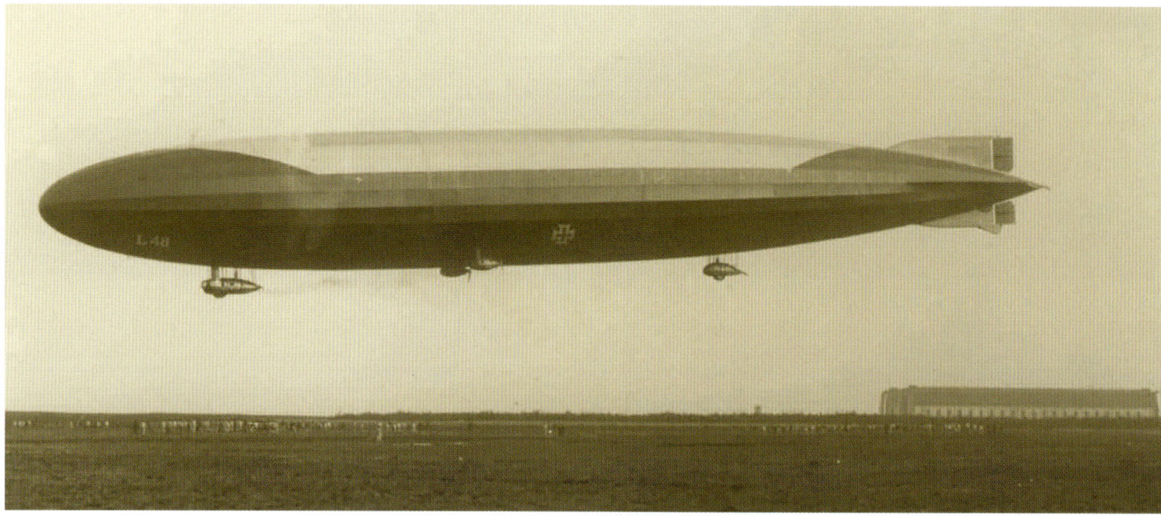

Bei einem Aufklärungseinsatz über England wurde L 48 von britischen Jagdfliegern abgeschossen.

Diese vier Baureihen basierten stark auf den Superzeppelinen vom Typ r. Die Abmessungen des Rumpfes und Zahl der Gaszellen blieb gleich. Gegenüber ihrem Vorbild verzichtete man auf die mittels Fernwellen angetriebenen Außenpropeller und damit auf einen der sechs Motoren. Stattdessen dienten zwei Maybach-Motoren in der achterlichen Gondel dem Antrieb einer deutlich vergrößerten Luftschraube. Ein Motor war am Heck der Führergondel platziert, zwei weitere in Einzelgondeln in der Mitte des Schiffskörpers. Insgesamt also vier Propeller und fünf Motoren.

L 63 und L 42 wurden am 16. Juni 1919 von ihren Mannschaften im Stützpunkt Nordholz zerstört.

Bei Zeppelin setzte man mit diesen drei Typreihen, die hinsichtlich des Materials, der Bewaffnung und Ausrüstung nur kleine Unterschiede aufwiesen, konsequent auf Leichtbau. Typ u brachte mit einem Leergewicht von 25 218 Kilogramm rund 10 Tonnen weniger auf die Waage als zuvor der Typ r. Diese erhebliche Gewichtseinsparung brachte Vorteile hinsichtlich der Reichweite, Nutzlast und Geschwindigkeit. Vor allem aber konnte die maximale Flughöhe auf über 5000 Meter gesteigert werden. Dadurch war es den Marine-Luftschiffern möglich, dem feindlichen Beschuss vom Boden und von Bord von Flugzeugen aus wirksam zu entgehen. Um in diesen sauerstoffärmeren Höhen operieren zu können, hatte Maybach seine Motoren technisch den Begebenheiten angepasst.

Vom Typ s wurden im Februar und März 1917 zwei Einheiten von der Kaiserlichen Marine in Dienst gestellt. L 42 wurde nach zwei Dutzend

L 56 unternahm 17 Einsatzfahrten und überstand das Kriegsende.

Einsätzen als Schulschiff eingesetzt. Am 23. Juni 1919, dem Tag der Selbstversenkung der Kaiserlichen Hochseeflotte in Scapa Flow, erfolgte die Zerstörung durch die eigene Besatzung. L 43 wurde am 14. Juni 1917 über der Nordsee durch einen britischen Kampfflieger in Brand geschossen und stürzte ab. Alle 28 Soldaten an Bord kamen ums Leben.

Auch L 44 stürzte auf der Rückfahrt von einem Einsatz nach Fliegerbeschuss ab. Es war einer der beiden im April 1917 übernommenen Zeppeline vom Typ t. Das Schwesterschiff L 46 verbrannte nach einer Explosion auf dem Stützpunkt Ahlhorn in seiner Halle. Dieser Katastrophe am 5. Januar 1918 fiel auch L 51 zum Opfer, das zu den fünf u-Typen gehörte, die zwischen Mai und August 1917 zur Flotte stießen. L 54 wurde bei einem Bombenangriff auf den Stützpunkt Tønder am Boden vernichtet. Über britischem Boden in der Grafschaft Norfolk schossen Flieger L 48 ab, während L 52 nach dem Kriegsende durch die eigene Besatzung zerstört wurde. L 49 strandete nahezu unbeschädigt in Frankreich. Nach ihrer Konstruktion entstand das erste US-Luftschiff, das mit Helium befüllt wurde, die ZR-1 USS Shenandoah.

Die zehn zwischen August 1917 und April 1918 in Dienst gestellten Marineluftschiffe vom Typ v besaßen 14 statt 16 Gaszellen. Eines von ihnen stieg, allerding ungeplant, auf bis zu einer Höhe von 7600 Metern. L 56, L 61, L 63, L 64 und L 65 überstanden den Krieg und wurden später abgewrackt. Durch Fliegerbeschuss stürzte L 53 nahe der westfriesischen Insel Terschelling ab, während L 55, L 58, L 60 und L 62 ohne Feindeinwirkung verloren gingen.

Heckmotorengondel von L 44.

Ballastsäcke an der Führergondel halten L 52 in der Halle am Boden.

Unmittelbar vor dem Start: Die Bodenmannschaft bringt L 46 in Position.

Bild links:
Nahezu unbeschädigt ging L 49 auf französischem Boden nieder.

Bild rechts:
L 44 leitet das Landemanöver über Nordholz ein.

Marineluftschiff Zeppelin Typ w

Das Transportluftschiff L 59 stellte einen neuen Langstreckenrekord auf.

Um die bedrängten deutschen Truppen in Ostafrika mit Munition, leichten Waffen und Sanitätsmaterial zu versorgen, sollte ein Luftschiff auf den schwarzen Kontinent entsandt werden. In der Zeppelin-Werft in Friedrichshafen wurde darum die gerade fertiggestellte Marineeinheit L 57 in der Mitte auseinandergenommen und um 30 Meter – zwei Gaszellen – verlängert. In Dänemark bereits für die Fernfahrt beladen, zerschellte der Zeppelin im Sturm bei einer Testfahrt, geriet in Brand und wurde völlig zerstört.

Kleines Bild rechts: L 59 verlässt die Zeppelin-Werft in Berlin-Staaken.

Blick in den Rumpf und auf die Gaszellen.

Während einer Testfahrt im Oktober 1917 ging L 57 im dänischen Luftraum in Flammen auf.

Das Luftschiff L 59 entstand im Zeppelin-Werk in Berlin-Staaken und war als Transportluftschiff zur Versorgung der Schutztruppe in Deutsch-Ostafrika konzipiert worden. Berühmtheit erlangte es durch seinen Langstreckenrekord von 6757 Kilometern in exakt 95 Stunden und 5 Minuten. Dafür war der gut 220 Meter lange Zeppelin am 21. November 1917 vom Stützpunkt Jamboli in Bulgarien mit einer Ladung im Gesamtgewicht von rund 50 Tonnen gestartet. Über dem Sudan musste die Mission abgebrochen und zum Ausgangspunkt zurückgekehrt werden. Der Nonstop-Rekord jedoch stand. Anschließend erfolgte die Umrüstung zum Fronteinsatz im Mittelmeerraum. Aus ungeklärter Ursache stürzte L 59 am 7. April 1918 bei einer Angriffsfahrt auf Ziele in Malta über der Straße von Otranto brennend ab. Es gab keine Überlebenden.

Technische Daten	
Hersteller	Luftschiffbau Zeppelin GmbH
Werksnummern	LZ 102, LZ 104
Gebaut	1917
Motor	5 x Maybach-HS-Lu, wassergekühlter Reihensechszylinder
Leistung (kW/PS)	5 x 180/245
Höchstgeschwindigkeit (km/h)	115
Reichweite (km)	6 000
Länge (m)	226,5
Durchmesser (m)	23,9
Traggasvolumen (m^3)	68 500
Gaszellen	16
Leermasse (t)	27,6
Nutzlast (t)	32,5
Besatzung	21

Marineluftschiff Zeppelin Typ x

L 70 war das größte operative Luftschiff der Kaiserlichen Marine.

Der Typ x war ebenso wie sein Vorgänger für Langstreckenfahrten ausgelegt. Darum wurden die drei im letzten Kriegsjahr noch gebauten Zeppeline auch als Amerika-Luftschiffe bezeichnet, weil sie die USA hätten erreichen können. Sie stellten den Höhepunkt und gleichzeitig das Ende des militärischen Zeppelins dar. Im letzten Kriegsjahr wurden ihre Schwächen immer offensichtlicher: Luftschiffe waren riesige Ziele, die leicht beschossen werden konnten. Durch den hochexplosiven Wasserstoff wurden sie in Sekundenschnelle vernichtet. Sie waren sehr wetterempfindlich, kosten- und personalintensiv. Die zwischenzeitlich deutlich leistungsfähigeren Kampfflugzeuge konnten zunehmend effektiver eingesetzt werden.

Nochmals konnten die Ingenieure beim Typ t die Steigleistung, Nutzlast, Motorenleistung, Treibstoffkapazität, Höchstgeschwindigkeit und Reichweite deutlich steigern. Die Dienstgipfelhöhe war mit 7000 Metern angegeben. Neben der Bombenlast gehörten bis zu zehn Maxim-Maschinengewehre im Kaliber 7,92 mm zur Bewaffnung, die sich in verschiedenen Schützenständen auf, seitlich und unter der Hülle befanden.

Prototyp dieser Baureihe war L 70, die am 1. Juli 1918 von der Kaiserlichen Marine in Dienst gestellt wurde. Abweichend von ihren beiden Schwesterschiffen besaß sie sieben statt sechs Maybach-Motoren.

Während des letzten Geschwaderangriffs gegen England am 6. August 1918 war dieser größte und modernste Zeppelin das Führungsschiff. An Bord befand sich der charismatische Kommandeur der Marineluftschiffabteilung, Fregattenkapitän Peter Strasser. L 70 steuerte gemeinsam mit L 53, L 56, L 63 und L 65 in einer groben Pfeil-Formation in 5000 Metern Höhe über die Nordsee. Kurz vor Überqueren der britischen Ostküste schoss ein einmotoriger Airco DH.4-Doppeldecker frontal einen längeren Feuerstoß mit Explosivgeschossen aus etwa 500 Metern auf L 70 ab. Augenblicklich stand der Zeppelin in Vollbrand und stürzte als lodernder Feuerball in die Nordsee. Niemand überlebte.

Das Schwesterschiff L 71 wurde am 29. Juli 1918 übernommen, kam aber nicht mehr zu einem Kriegseinsatz. England erhielt es 1920 als Reparationsleistung zugesprochen und ließ es anschließend verschrotten. LZ 114 sollte als L 72 zur Flotte der Marineluftschiffabteilung stoßen, was aber wegen des Kriegsendes nicht mehr geschah. Im Frühjahr 1919 sollte das Luftschiff eine zivile Demonstrationsfahrt nach New York unternehmen und war dafür bereits ausgerüstet. Doch stattdessen musste der Zeppelin an Frankreich abgeliefert werden und wurde als „Dixmude" in Dienst gestellt. Auf dem Rückweg von einer Fernfahrt über der Sahara verunglückte die Ex-LZ 114 aus unbekannter Ursache, wobei alle 50 Menschen an Bord ums Leben kamen.

Bild oben:
Frankreich übernahm L 72 als Reparationsleistung und nannte den Zeppelin „Dixmude".

Bild links:
L 72 landet auf französischem Boden.

Technische Daten

Hersteller	Luftschiffbau Zeppelin GmbH
Werksnummern	LZ 112, LZ 113, LZ 114
Gebaut	1918
Motor	7/6 x Maybach- MbIVa, wassergekühlter Reihensechszylinder-Umlaufmotor
Leistung (kW/PS)	7/6 x 191,2/260
Höchstgeschwindigkeit (km/h)	130
Reichweite (km)	7000
Länge (m)	226,50
Durchmesser (m)	23,9
Traggasvolumen (m³)	62.200
Gaszellen	16
Leermasse (t)	28,5
Nutzlast (t)	51
Besatzung	17

Die Marineflieger der Reichs- und Kriegsmarine

Der Vertrag von Versailles verbot Deutschland nach dem Ersten Weltkrieg den Besitz und Betrieb von Luftstreitkräften. In der Folge agierten die Seeflieger der Reichsmarine unter dem Deckmantel ziviler Tarnorganisationen. Ab 1935 wurde die gesamte Küsten-, Bord- und Seefliegerei der Luftwaffe zugeordnet, somit dem unmittelbaren Zugriff der Marineführung entzogen. Nahezu zeitgleich erfolgte die Umbenennung von Reichsmarine in Kriegsmarine.

Dornier Do J II Wal/Do 16

Militärversion des Wals.

Dieses Flugboot besitzt eine lange Ahnentafel und erlangte in der Luftfahrt der 20er-Jahre weltweit große Aufmerksamkeit. Die Geschichte des Wals begann 1922 im italienischen Marina di Pisa. Hier hatte sich Dr. Claude Dornier niedergelassen, um Flugzeuge zu konstruieren. Da der Vertrag von Versailles derartige Aktivitäten auf deutschem Boden nicht erlaubte, hatte er dort in der Toskana die Flugzeugwerft Costruzioni Meccaniche Aeronautiche S.A. ins Leben gerufen.

Bereits 1919 war mit dem Verkehrsflugboot Gs.I, das noch auf einen Auftrag der Kaiserlichen Marine zurückging, der Vorläufer des Wals entstanden. Die Neukonstruktion absolvierte am 6. November 1922 ihren Erstflug. In den folgenden Jahren wurde die Maschine – die erste Generation erhielt die Typbezeichnung J I und wurde mit Motoren von verschiedenen Herstellern bestückt – permanent weiterentwickelt und in die ganze Welt verkauft. Flugpioniere erkundeten

Blick nach achtern in der Kabine des Militär-Wals.

mit ihr bislang unbekannte Regionen. Der norwegische Polarforscher Roald Amundsen ging 1925 mit zwei Walen auf Arktis-Expedition, Wolfgang von Gronau umrundete 1932 mit seinem Grönland-Wal Typ J II b Bos den Globus.

Gleich 20 Weltrekorde für Seeflugzeuge wurden im Februar 1925 mit einem Wal erzielt, der mit zwei jeweils 360 PS leistenden Rolls-Royce-Motoren besonders stark motorisiert war. Die Bestmarken erzielte man in verschiedenen Kategorien, in denen Geschwindigkeit, Höhe, Distanz und Nutzlast miteinander kombiniert waren.

Sechs Dornier Wal des Typs Do J II f Bos wurden von 1934 bis 1938 für den regelmäßigen Lufthansa-Postdienst von 1934 bis 1938 von Spanien über Westafrika nach Südamerika eingesetzt. 337 Mal querten die Maschinen den Atlantik, wurden dabei auf hoher See an Bord eines Versorgungsschiffs aufgetankt und setzten anschließend mittels Katapultstart ihre Reise fort.

Ab 1923 baute Dornier außerdem eine als Militär-Wal bezeichnete Version des Flugboots. Wesentliche Merkmale waren die MG-Stände im Bug und auf dem Rumpfrücken. Abnehmer dafür fanden sich in zahlreichen europäischen Staaten, aber auch in Südamerika und in Asien. In den Niederlanden und Spanien wurde der Militär-Wal mit verschiedenen Motorenkonfigurationen in Lizenz produziert.

***Museumstipp:** Eine originalgetreue Replik des Wals befindet sich im Dornier Museum in Friedrichshafen am Bodensee. Hierbei handelt es sich um das berühmteste Flugboot dieser Baureihe: Versehen mit der Kennung N 25, war es 1925 Expeditionsflugzeug des Polarforschers Roald Amundsen. Zu sehen ist außerdem der Originalpropeller des Amundsen-Wals.*

Kontakt und Info:
www.dorniermuseum.de

Zeitgenössische Reklame mit dem Wal als Motiv.

Für die Pilotenausbildung der geplanten Luftwaffe lieferte Dornier 1933 sechs Wale Do J II als Schulflugzeuge. Es folgten weitere 40 sogenannte Do J II-Militär-Wale, die ab 1934 als Do 16 bezeichnet wurden. Die Küstenfliegerverbände setzten die Maschinen wegen ihrer großen Reichweite von bis zu 1900 Kilometern hauptsächlich als Fernaufklärer ein.

Sein breiter einstufiger Bootsrumpf mit Flossenstummeln gab dem Wal Stabilität bei der Fahrt auf dem Wasser und sorgte für geringen Widerstand beim Start. Hergestellt war er in Ganzmetall-Schalenbauweise, innen durch Schottwände geteilt. In der Plicht im Bug war nautische Ausrüstung wie Ankergeschirr, Tauwerk und Fender gestaut. Die beiden Piloten saßen nebeneinander in einem offenen Cockpit mit Doppelsteuerung.

Prägnant war die hochliegende, überwiegend stoffbespannte Tragfläche, die im Bereich der Tandem-Motorgondel blechbeplankt und begehbar war. Angetrieben wurden die Wale der Luftwaffen-Seeflieger von zwei Zwölfzylinder-V-Motoren, dem als sparsam und äußerst zuverlässig geltenden Typ VI von BMW. Jede Zylinderbank hatte eine obenliegende Nockenwelle, die durch eine Königswelle angetrieben wurde. Ebenso modern waren seinerzeit die Doppelzündanlage und die Zweiventiltechnik. Aus 46,9 Litern Hubraum realisierten die BMW-Ingenieure 700 PS.

Drei Maschinengewehre MG 15 im Kaliber 7,92 × 57 mm bildeten die Bewaffnung. Sie waren in Drehkranzlafetten DK 30 montiert – eins im Bug und zwei auf dem Rumpfrücken. Unter der rechten Tragfläche befanden sich Aufhängvorrichtungen für zwei 50 kg-Bomben.

Eingesetzt waren die Dornier-Flugboote bei den in List auf Sylt und in Kiel-Holtenau stationierten Küstenfliegergruppen. Schrittweise wurden diese Maschinen ab 1938 in den Einsatzverbänden durch den Nachfolger Dornier Do 18 abgelöst und fortan im Ausbildungsbereich verwendet.

Zivile Version der Dornier Wal 1932 bei der Erprobungsstelle in Travemünde.

Technische Daten

Hersteller	Dornier-Metallbauten GmbH
Typ	Do J II Wal/Do 16
Erstflug	6. November 1922
Gebaut ab	1922-1935
Stückzahl	264 (alle Ausführungen)
Motor	2 x BMW VI, wassergekühlter V-Motor, 12 Zylinder, 46,9 l Hubraum
Leistung (kW/PS)	2 x 515/700
Höchstgeschwindigkeit (km/h)	230
Reichweite (km)	1900
Dienstgipfelhöhe (m)	3000
Länge (m)	18,30
Höhe (m)	5,40
Spannweite (m)	23,20
Startmasse (kg)	8500
Leermasse (kg)	5500
Besatzung	4

Junkers W 34-See

Bei der Weser Flugzeugbau gefertigte W 34 in der Erprobung.

Die einmotorige W 34 basierte auf der W 33, die durch den ersten Transatlantikflug der „Bremen" in Ost-West-Richtung im April 1927 weltberühmt wurde. Beide Maschinen – versehen mit Schwimmern und noch mit offenem Führerstand – stellte Junkers 1926 beim Deutschen Seeflugwettbewerb in Warnemünde vor.

Konstruiert war die W 34 als freitragender Ganzmetall-Tiefdecker. Der Rumpf war kastenförmig ausgeführt und junkerstypisch mit Wellblech beplankt. Die Tragflächen bestanden aus durchgehenden Rohrholmen, angenieteten Streben und ebenfalls einer Wellblechbeplankung.

Die W 34 wurde von Beginn an stärker und variantenreicher motorisiert als die W 33. Man verbaute rund 20 verschiedene Sternmotoren in- und ausländischer Hersteller. Konzipiert war die Maschine als Mehrzweckflugzeug. Von Junkers entsprechend ausgerüstet, kam sie als Fracht-, Expeditions-, Schulungs-, Sanitäts- und Passagierflugzeug mit Radfahrwerk oder auf Schwimmern zum Einsatz. Werkspiloten gelangen mit der W 34 mehrere Rekordflüge. Während von der W 33 lediglich 199 Exemplare gebaut wurden, entstanden von der W 34, zum Teil in Lizenz gefertigt, insgesamt 2124 Exemplare.

Größter Abnehmer der W 34 war die 1936 gegründete Reichsluftwaffe. 2024 Maschinen orderten die deutschen Luftstreitkräfte in ihrer Frühphase. Eingesetzt wurden die Maschinen für die Navigations-, Funk- und Blindflugausbildung, außerdem als Aufklärungs- und Verbindungseinheit. Für marinespezifische Zwecke gab es den Typ W 34-See, ausgerüstet mit zwei stark gekielten Duraluminium-Schwimmern mit einem Volumen von jeweils 3,1 Kubikmetern.

Marineversion der W 34 mit Doppelschwimmern.

Museumstipp: Wer eine Junkers W 34-See hautnah erleben will, der muss weit reisen. Im Canada Aviation and Space Museum in Ottawa wird der Tiefdecker mit der Kennung CF-ATF ausgestellt. Die Maschine wurde 1931 gebaut und bis 1962 in den Weiten von British Columbia als Passagier- und Transportmaschine eingesetzt. Sie war die weltweit letzte aktive W 34.

Kontakt und Info:
www.ingeniumcanada.org

Technische Daten

Hersteller	Junkers Flugzeugwerk AG
Typ	W 34-See
Erstflug	7. Juli 1926
Gebaut ab	1927-1934
Stückzahl	2124 (alle Ausführungen)
Motor	BMW 132 A, luftgekühlter Sternmotor, 9 Zylinder, 27,7 l Hubraum
Leistung (kW/PS)	485/660
Höchstgeschwindigkeit (km/h)	265
Reichweite (km)	900
Dienstgipfelhöhe (m)	6300
Länge (m)	18,48
Höhe (m)	3,53
Spannweite (m)	29,25
Startmasse (kg)	3200
Leermasse (kg)	1700
Besatzung	2 + 4

Heinkel He 60

Einsatzbesprechung unmittelbar vor dem Start.

Auch dieser mit Schwimmern ausgerüstete Doppeldecker entstand im Rahmen der geheimen Wiederaufrüstung der Reichsmarine in den frühen 30er-Jahren. Gefordert war seitens der Marineleitung eine hochsee- und katapultfähige Maschine für den Einsatz als Bordflugzeug auf Kreuzern, Panzer- und Schlachtschiffen. Die zunächst als Marine-Beobachtungsflugzeug vorgesehene Heinkel HD 30 erwies sich nach genauerer Untersuchung als wenig geeignet, so dass die Ernst Heinkel Flugzeugwerke Warnemünde 1930 ein Lastenheft mit Spezifikationen für eine Neuentwicklung bekamen.

In der zweiten Jahreshälfte waren zwei Prototypen der He 60 fertiggestellt. Nach positiv verlaufender Werkserprobung übergab man die Maschinen 1931 an die Erprobungsstelle See des Reichsverbands der Luftfahrtindustrie zur Abnahme. Dabei ereignete sich ein tödlicher Unfall aufgrund von Materialüberanspruchung, was die Zulassung um ein ganzes Jahr verzögerte. 1932 lief die Serienfertigung an. Wegen der großen georderten Stückzahl wurde nicht nur bei Heinkel produziert, sondern auch in Lizenz bei den Arado Flugzeugwerken in Warnemünde und bei der Weser Flugzeugbau in Einswarden. Bis zum Fertigungsende 1938 entstanden 361 He 60. Sie war damit nach der Arado Ar 196 das am zweitmeisten gebaute Seeflugzeug dieser Epoche.

Ein geschweißtes Stahlrohrfachwerk bildete das Rumpfgerüst der Maschine, das – mit Ausnahme der Motorenverkleidung aus Metall – mit Stoff bespannt war. Ebenso waren das Leitwerk und die abgestrebte Höhenflosse ausgeführt. Die Tragflächen entstanden in zweiholmiger Holzbauweise mit einer Sperrholznase und Stoffbeplankung. Die beiden Schwimmer aus Leichtmetall waren gekielt und einstufig, dabei durch ein Strebengerüst mit dem Rumpf und den Unterflügeln verbunden. Als Antrieb fungierte der bewährte V-12-Flugmotor BMW VI 6,0 ZU mit 660 PS Leistung aus 46,9 Litern Hubraum. Das Ag-

Im Formationsflug über der Ostsee.

gregat arbeitete auf einen Zweiblatt-Festpropeller mit einem Durchmesser von 3,1 Metern. 680 Liter Kraftstoff fasste der unter dem Pilotensitz angeordnete Tank. Daraus ergab sich eine Reichweite von etwa 825 Kilometern. Die beiden Cockpits der Besatzung waren offen. Bewaffnet war der Doppeldecker im Beobachterstand mit einem schwenkbaren MG 15 im Drehkranz D 30 sowie zwei starre, synchronisierte und motorgesteuerte MG 17. Im Schwimmer konnten außerdem zwölf Zehn-Kilo-Bomben oder das Nebelgerät SN 40 aufgenommen werden.

Zunächst fand die He 60 Verwendung bei verschiedenen Küstenfliegerstaffeln. Außerdem bildeten sie zwei Bordfliegerstaffeln und waren auf den Dickschiffen der Reichsmarine stationiert. Hier wurden sie ab 1938 von der Arado Ar 196 ersetzt. Während des spanischen Bürgerkriegs flogen einige Einheiten in der Legion Condor. Zu Beginn des Zweiten Weltkriegs standen lediglich 31 He 60 bei den Einsatzverbänden. Der Rest war bereits ausgemustert oder in den Ausbildungsbetrieb involviert worden. Während des Balkanfeldzugs gab es im Frühjahr 1941 eine Reaktivierung als Aufklärungsmaschine. Einzelne Flugzeuge fungierten als Zieldarsteller, wurden im See- und Sumpfnotdienst in Lappland oder zum Absetzen von Agenten eingesetzt. Im Sommer 1944 war die He 60 bis auf wenige Ausnahmen vollständig aus dem Bestand der Reichsluftwaffe verschwunden. In Spanien flogen vier Maschinen bis 1948.

Paradeaufstellung während der Kieler Woche.

Technische Daten

Hersteller	Ernst Heinkel Flugzeugwerke GmbH
Typ	He 60
Erstflug	August 1931
Gebaut ab	1932-1938
Stückzahl	361 (alle Ausführungen)
Motor	1 x BMW VI 6,0 ZU, wassergekühlter V-Motor, 12 Zylinder, 46,9 l Hubraum
Leistung (kW/PS)	485/660
Höchstgeschwindigkeit (km/h)	240
Reichweite (km)	825
Dienstgipfelhöhe (m)	5000
Länge (m)	11,63
Höhe (m)	5,15
Spannweite (m)	13,50
Startmasse (kg)	3548
Leermasse (kg)	2410
Besatzung	2

Heinkel He 42

Ohne Hoheitskennzeichen flog die He 42 für die offiziell noch nicht existierende Luftwaffe.

Die Deutsche Verkehrsfliegerschule (DVS) beauftragte die Heinkel Flugzeugwerke 1929 mit der Entwicklung eines Wasserflugzeugs für die Pilotenausbildung. Basierend auf dem See-Doppeldecker HD 24 – bekannt geworden durch die Feuerland-Expedition des Flugpioniers Gunther Plüschow und eingesetzt von der schwedischen Luftwaffe – entstand die Heinkel HD 42, später als He 42 bezeichnet. Nach erfolgreicher Erprobung und der amtlichen Zulassung lieferten die in Rostock produzierenden Flugzeugbauer 1931 und 1932 insgesamt zehn Maschinen an die DSV. Der Prototyp wurde als HD 42a, die folgenden vier Exemplare als HD 42b und die Flugzeuge der dritten Charge als He 42 C bezeichnet.

1933 lief die Serienfertigung mit 14 He 42 D für die noch im Verborgenen agierende und im Aufbau befindliche Luftwaffe der Reichswehr an. Ab dem Folgejahr entstanden 189 Einheiten der Ausführung He 42 E. Sie blieben zum Teil bis zum Ende des Zweiten Weltkriegs im Einsatz – überwiegend als Schulungsflugzeug, aber auch als Aufklärer, Verbindungs- und Seenotrettungseinheit.

Der Rumpf des Zweischwimmer-Doppeldeckers besaß einen rechteckigen Querschnitt und eine konvex geformte Oberseite. Das geschweißte Stahlrohrgerüst war vorn im Bereich des Motors mit demontierbaren Leichtmetallblechen verkleidet, der Rest mit Stoff bespannt. Ebenso das Leitwerk und die Tragflächen. Letztere waren mit je einem N-Stiel verbunden und benötigten wegen des stabilisierenden Schwimmergerüsts keine zusätzliche Drahtverspannung. Die beiden Holzschwimmer waren einstufig und stark gekielt ausgeführt. Sechs Schotten sicherten die Schwimmfähigkeit bei einem Wassereinbruch. Zwei Mann – in der Regel Fluglehrer und -schüler – saßen hintereinander in einem offenen Doppelcockpit.

Beim Motor handelte es sich um den Jumo L 5Ga, den die Junkers Motorenbau GmbH in Lizenz fertigte. Er basierte auf dem BMW IV-Flugmotor und wirkte auf eine Zweiblatt-Holzluftschraube mit einem Durchmesser von drei Metern. Sechs Zylinder waren stehend in Reihe angeordnet. Die Kurbelwelle trieb über eine Königswelle die obenliegende Nockenwelle an. Aus 22,92 Litern Hubraum schöpfte die wassergekühlte Maschine 380 PS Nenn- und 425 PS Steigleistung. Der Kraftstoffvorrat von insgesamt 425 Litern verteilte sich auf zwei Tanks, ein Behältnis im Rumpf und ein weiteres im Oberflügel.

Die Flugeigenschaften der Heinkel He 42 galten als gutmütig und fehlerverzeihlich. In knapp sechs Minuten erreichte sie 1000 Meter Flughöhe, für 3000 Meter musste ihr Pilot fast eine halbe Stunde einplanen. Bei einer Reisegeschwindigkeit von 185 km/h war sie für Kampfeinsätze untauglich. Ihre Bewaffnung mit einem oder zwei Maschinengewehren diente, wenn sie denn montiert und mitgeführt wurde, ausschließlich der Verteidigung.

Prototyp gewassert nach einem Testflug.

Technische Daten

Hersteller	Ernst Heinkel Flugzeugwerke GmbH
Typ	He 42
Erstflug	Frühjahr 1932
Gebaut ab	1931-1934
Stückzahl	213 (alle Ausführungen)
Motor	Jumo L 5Ga, wassergekühlter Reihenmotor, 6 Zylinder, 22,9 l Hubraum
Leistung (kW/PS)	279/380
Höchstgeschwindigkeit (km/h)	192
Reichweite (km)	800
Dienstgipfelhöhe (m)	4200
Länge (m)	10,60
Höhe (m)	4,30
Spannweite (m)	14
Startmasse (kg)	2420
Leermasse (kg)	1710
Besatzung	2

Heinkel He 59

Drei Soldaten bildeten die Besatzung der He 59, bei Seenoteinsätzen war zusätzlich ein Arzt oder Sanitäter mit an Bord.

Der erste nach dem Kriegsende in Deutschland entwickelte Kampfdoppeldecker mit zwei Motoren war die He 59. Gefordert seitens des Reichswehrministeriums war ein hochseefähiges Mehrzweckflugzeug. Noch unter der Bezeichnung HD 59 begannen 1930 die Arbeiten an diesem Projekt bei Heinkel in Rostock. Der erfolgreiche Erstflug dieser mit einem Radfahrwerk versehenen Version fand im September 1931 statt, die Erprobung unter Umgehung der Beschränkungen des Vertrags von Versailles führte man getarnt im russischen Lipezk durch. Ihre praktische Premiere als Wasserflugzeug mit Doppelschwimmern hatte die Maschine im Januar 1932. Zwei Jahre später lief die Serienproduktion an.

Die He 59 wurde in gut einem Dutzend verschiedenen Ausführungen gebaut. Während sie als Torpedoflugzeug bald durch die He 115 abgelöst wurde, etablierte sie sich in den Ausführungen als Seenotflugzeug, ausgerüstet mit sechs Schlauchbooten, einer speziellen Funktechnik und Material zur medizinischen Versorgung. Ihre Bewaffnung war demontiert worden. Trotz weißer Lackierung und roten Kreuzen an den Seiten und Tragflächen wurden die Maschinen häufig von feindlichen Jagdflugzeugen attackiert, woraufhin die Maschinen rearmiert wurden. Sie kam als Bomber, Minenleger, Aufklärer, Torpedo-, Nebel- und Transportmaschine zum Einsatz. Als Ausbildungsflugzeug fungierte sie für diese Bereiche außerdem als Trainer für künftige Piloten.

Auch die Bewaffnung variierte stark: Ursprünglich bestand sie aus drei Maschinengewehren MG 15 in der Spitze sowie mittig auf der Ober- und Unterseite des Rumpfes. Später montierte man das MG 81 und ab 1937 zusätzlich eine 20 mm-Kanone MG-FF im offenen Buggefechtsstand. Während des Zweiten Weltkriegs verstärkte man die Feuerkraft zusätzlich durch weitere Maschinenkanonen und Zwillings-MG.

Gefertigt wurde die He 59 in Gemischtbauweise: Der stoffbespannte Rumpf war rechteckig und basierte auf einem geschweißten Stahlrohr- und Leichtmetallgerüst. Tragflächen und Leitwerk besaßen ebenfalls eine Textilbespannung. In den einstufigen gekielten Schwimmern aus Leichtmetall befanden sich die Kraftstofftanks. Weitere Tanks waren im Rumpf und im Bombenschacht platziert. Zwischen 2700 und 3200 Liter Treibstoff konnten mitgeführt werden. Die beiden wassergekühlten BMW-Motoren der Typen VI 6,0 ZU besaßen jeweils zwölf V-förmig angeordnete Zylinder mit 46,9 Litern Hubraum und 660 PS Leistung. Sie wirkten auf zwei starre Vierblatt-Holzluftschrauben.

Erstmals im „scharfen Einsatz" war die He 59 bei der Legion Condor im spanischen Bürgerkrieg. In den ersten Kriegsjahren nutzten sie die deutschen Militärs zum Transport von Truppen und Spezialeinheiten, zum Minenlegen, Torpedo- und Bombenangriffen auf Geleitzüge und zur Rettung abgestürzter Piloten während der Luftschlacht um England. Dabei erwiesen sich die Maschinen als zu langsam und verwundbar. Einige Exemplare erwarb die Marine Finnlands.

Die Produktion der He 59 übernahmen die Hersteller Bachmann in Ribnitz und die Arado-Werke in Warnemünde. Heinkel zeichnete sich am Standort in Marienehe bei Rostock für die Wartung und Reparatur der Maschinen verantwortlich. 163 Exemplare des Seeflugzeugs, das technisch und konzeptionell recht schnell veraltet war, entstanden neben den drei Prototypen bis 1939.

Patrouillenflug im küstennahen Bereich.

He 59-Staffel 1936 auf dem Stützpunk in List auf Sylt.

Technische Daten	
Hersteller	Ernst Heinkel Flugzeugwerke GmbH
Typ	He 59
Erstflug	Januar 1932
Gebaut ab	1934-1939
Stückzahl	166 (alle Ausführungen)
Motor	2 x BMW VI, wassergekühlter V-Motor, 12 Zylinder, 46,9 l Hubraum
Leistung (kW/PS)	2 x 485/660
Höchstgeschwindigkeit (km/h)	240
Reichweite (km)	940
Dienstgipfelhöhe (m)	3500
Länge (m)	17,40
Höhe (m)	7,10
Spannweite (m)	23,70
Startmasse (kg)	8950
Leermasse (kg)	5000
Besatzung	3-4

Junkers Ju 52

Spezialversion: Ju 52 3m g10e mit zwei Schwimmern.

Eine gewichtige Rolle für die Reichsmarine, die ab dem 1. Juni 1935 Kriegsmarine hieß, spielte die Ju 52. Als Aufklärungs-, Transport- und Verbindungsflugzeug fand sie vielfältig und während des Zweiten Weltkriegs an allen Fronten Verwendung. Die „Tante Ju", wie die fliegende Legende bis heute genannt wird, gab es in diversen zivilen und militärischen Versionen. Insgesamt 4845 Maschinen sind zwischen 1932 und 1952 von Junkers und diversen Lizenzherstellern im In- und Ausland gebaut worden, davon 4555 Exemplare für das Militär.

Ursprünglich war die Ju 52 als einmotoriges Frachtflugzeug angetreten, um Gebiete mit schlechter Infrastruktur mit großen Ladungsmengen zu versorgen. Auf Initiative der Deutschen Luft Hansa erfolgte die Ausrüstung mit drei Motoren, was die Verwendung als Passagierflieger ermöglichte. Charakteristische Merkmale des freitragenden Tiefdeckers waren die Wellblechbeplankung, die patentierten Junkers-Doppelflügel sowie das feste Fahrwerk mit pneumatischen Bremsen und hinten einem lenkbaren Spornrad.

Mit großem Erfolg in der zivilen Luftfahrt eingesetzt, war eine militärische Verwendung ohne großen technischen Aufwand möglich. Ab 1934 wurde die Maschine als Behelfsbomber und Standardtransportflugzeug in großen Stückzahlen von der Luftwaffe beschafft. Es gab verschiedene Bewaffnungsvarianten sowie Sonderausrüstungen für das Absetzen von Fallschirmspringern oder den Schlepp von Lastenseglern. Sie diente

Arbeitsplatz von Pilot und Copilot.

außerdem als Trainer für die Ausbildung von Piloten, Navigatoren, Funkern sowie das Blindflugverfahren. Im Spanischen Bürgerkrieg waren 48 Ju 52 im Kampf der Legion Condor auf der Seite des putschenden General Franco im Einsatz.

Für die Küsten- und Seefliegerei der Luftwaffe gab es die Spezialversion 3m g10e, die für Starts und Landungen auf dem Wasser mit Schwimmern versehen war. Diese Maschinen verfügten über mehrere Maschinengewehre MG 15 als Abwehrbewaffnung auf der Ober- und Unterseite des Rumpfs sowie seitlich in Fensterlafetten. Drei Sternmotoren von BMW vom Typ 132T waren verbaut, die mit 730 PS gegenüber den Standardmotoren 132A mit 660 PS deutlich leistungsgesteigert waren. Die Serienfertigung erfolgte im Werk Lemwerder der Weser-Flugzeugbau GmbH und bei SECM-Amiot in Colombes nahe Paris.

Eine weitere marinespezifische Variante war die Ju 52/3m MS, verwendet von den Minensuchstaffeln der Luftwaffe. 1940 hatte man ein Verfahren zur Sprengung von britischen Seeminen mit Magnetzünder durch ein Flugzeug entwickelt. Die Erprobung mit zwei für diesen Zweck umgebauten Ju 52 verliefen erfolgreich, so dass noch im gleichen Jahr eine Sondergruppe ins Leben gerufen wurde, aus der Ende 1941 die Minensuchgruppe 1 „Mausi" – **M**inen-**Aus**löse-**I**nduktor – gebildet wurde. Bis Oktober 1944 baute die Maschinenfabrik Niedersachsen in Hannover 151 Maschinen um, die in sechs Minensuchgruppen im gesamten europäischen Raum und an der Küste Nordafrikas eingesetzt wurden.

Bei diesen Magnetspulen-Junkers montierte man unterhalb des Rumpfs eine Magnetspule mit einem Durchmesser von 15 Metern. An Bord befand sich ein Generator – angetrieben von einem Pkw-Motor und mit einer Leistung von 15 Kilowatt –, der Drehstrom in 300 Ampere Gleichspannung umwandelte und auf diese Weise mittels der Magnetspule ein Magnetfeld unterhalb der Maschine erzeugte. In der Räumpraxis flog die Ju 52 MS mit 120 Stundenkilometern in einer Höhe von 30 Metern über der Wasseroberfläche. Beim Überfliegen einer Seemine detonierte diese mit einer Verzögerung von sechs Sekunden. Der MG-Schütze im halboffenen, nach hinten gerichteten Abwehrstand hatte die Aufgabe, die gut 100 Meter hohe Wasserfontäne zu fotografieren und den Räumerfolg zu dokumentieren.

Die Einsätze der Minensuchgruppe galten als effizient, aber äußerst risikoreich. Flugzeugverluste durch zu dichte Minendetonationen ereigneten sich häufig.

Minensucher-Ju 52 des Mausi-Geschwaders mit Magnetspule unter dem Rumpf.

Museumstipp: In der Ju-Halle des Lufttransportmuseums im niedersächsischen Wunstorf steht neben verschiedenen großen und kleinen Exponaten eine Junkers Ju 52 der Ausführung 3m g4e im Fokus. Sie war nach ihrer Indienststellung 1939 für die Ausbildung von Flugzeugbesatzungen eingesetzt. 1940 versank sie nach ihrem ersten Transporteinsatz in einem norwegischen See und wurde 1986 in einer spektakulären Bergungsaktion gehoben und anschließend im Originalzustand restauriert.

Kontakt und Info: www.ju52-halle.de

Seeflieger-Version Ju 52 3m g10e mit Schwimmern für Starts und Landungen auf dem Wasser ausgerüstet.

Technische Daten	
Hersteller	Junkers Flugzeugwerk AG
Typ	Ju 52
Erstflug	7. März 1932
Gebaut ab	1932-1952
Stückzahl	4845 (alle Ausführungen)
Motor	3 x BMW 132 T, luftgekühlter Sternmotor, 9 Zylinder, 27,7 l Hubraum
Leistung (kW/PS)	3 x 536,9/730
Höchstgeschwindigkeit (km/h)	250
Reichweite (km)	1300
Dienstgipfelhöhe (m)	6300
Länge (m)	19,40
Höhe (m)	6,10
Spannweite (m)	29,25
Startmasse (kg)	10 500
Leermasse (kg)	5720
Besatzung	3

Heinkel He 51

Nach einer missglückten Wasserlandung stellte sich diese He 51 auf ihre Nase.

Entgegen den Bestimmungen des Versailler Vertrags, allerdings auch ohne Gegenreaktionen seitens der Alliierten, begannen die Konstrukteure bei den Heinkel Flugzeugwerken bereits Mitte der 20er-Jahre mit der Entwicklung eines Jagdflugzeugs. Auf die He 37 folgte die He 49 und schließlich die He 51. Noch vor der Gründung der Reichsluftwaffe im Jahr 1935 kamen die ersten Exemplare des Jagd-Einsitzers zur Auslieferung. Und zwar zivil getarnt bei der „Reklamestaffel Mitteldeutschland". Ein Jahr später gehörten die Maschinen zur Erstausstattung der neuen deutschen Luftstreitkräfte. Während des Spanischen Bürgerkriegs kamen 93 He 51 in der Legion Condor zum Einsatz. Ab 1937 löste sie die Messerschmitt Bf 109 als Standard-Jagdflugzeug der Luftwaffe ab. Einige wenige Exemplare waren bis zum Ende des Zweiten Weltkriegs im Einsatz, allerdings als Schulungs-, Aufklärungs- und Verbindungsflugzeug.

Die Heinkel He 51 war als einstieliger, verspannter Anderthalbdecker konstruiert worden. Die untere Tragfläche besaß eine geringere Spannweite und kleinere Profiltiefe. Querruder gab es nur an der oberen Fläche. Der Rumpf war im vorderen Teil bis zum Pilotensitz mit abnehmbaren Leichtmetallblechen verkleidet, die auf einem geschweißten Stahlrohrfachwerk aufgebracht waren. Die hintere Rumpfhälfte war mit Holzleisten in eine ovale Form gebracht worden und besaß eine Stoffbespannung. Angetrieben wurde die Maschine von dem wassergekühlten BMW VI 7,3Z, einem auf eine zweiblättrige Starrschraube wirkenden V-Motor mit zwölf Zylindern und einer Leistung von 750 PS aus 46,9 Litern Hubraum. Bewaffnet war die He 51 mit zwei nach vorn feuernden Maschinengewehren im Kaliber 7,62 mm. Außerdem konnten Fliegerbomben an Abwurfeinrichtungen unter den Tragflächen angebracht werden. Im Luftkampf gerade mit den britischen Jagdflugzeugen Spitfire und Hurricane zeigte sich die He 52 als hoffnungslos unterlegen.

Von den insgesamt 230 gebauten He 51 waren 50 Exemplare, bezeichnet als He 51W oder He 51B-2W, mit Hydronalium-Schwimmern ausgerüstet, in denen zusätzliche Kraftstofftanks untergebracht waren. 38 Maschinen dieser Reihe fanden Verwendung als schiffsgestützte Katapultflugzeuge, die vor allem auf den Schweren Kreuzern der Kriegsmarine stationiert waren. Ersetzt wurden sie ab 1938 durch die wesentlich modernere und robustere Arado Ar 196. Sie wurden anschließend als Jäger, Aufklärer und Schulungsmaschine bei den Seefliegern eingesetzt, wobei einige Maschinen auf ein normales Fahrgestell mit Rädern zurückgerüstet wurden und als Erdkampf- und Ausbildungseinheiten über Land flogen.

Nach der Landung: Die He 51 wird für die Aufnahme mit dem Bordkran auf das Mutterschiff vorbereitet.

Technische Daten

Hersteller	Ernst Heinkel Flugzeugwerke GmbH
Typ	He 51
Erstflug	Mai 1933
Gebaut ab	1934-1937
Stückzahl	230 (alle Ausführungen)
Motor	1 x BMW VI 7,3Z, wassergekühlter V-Motor, 12 Zylinder, 46,9 l Hubraum
Leistung (kW/PS)	552/750
Höchstgeschwindigkeit (km/h)	330
Reichweite (km)	730
Dienstgipfelhöhe (m)	7700
Länge (m)	8,50
Höhe (m)	3,30
Spannweite (m)	11,00
Startmasse (kg)	1900
Leermasse (kg)	1615
Besatzung	1

Breguet 521 Bizerte

Ab 1935 flog die Breguet 521 Bizerte für die französischen Marineflieger.

Dieses dreimotorige Flugboot war ein Exot unter den Einsatzmaschinen der Luftwaffe. Nach der Eroberung Frankreichs durch die deutsche Wehrmacht entdeckte man zunächst zwei Exemplare der Breguet 521 Bizerte aus dem Bestand der französischen Marine auf dem Wasserflughafen in Hourtin bei Bordeaux. Weitere sechs Maschinen wurden im unbesetzten Südfrankreich ausgemacht. Deutsche Techniker setzten die Maschinen instand. Sie erwiesen sich nach gründlicher Tauglichkeitsprüfung als außerordentlich seetüchtig und geeignet für den Seenotrettungsdienst im Ärmelkanal und im Seegebiet des nordöstlichen Atlantiks. Im Einvernehmen mit der Waffenstillstandskommission kaufte die Luftwaffe alle acht Einheiten sowie ein umfangreiches Ersatzteillager. Neben Funk- und Peileinrichtungen befand sich umfangreiches medizinisches Material an Bord dieser Flugboote. Ein Arzt oder Sanitäter gehörte zur Besatzung.

Die französische Marine hatte 1932 die Entwicklung eines Flugbootes als bewaffneten Langstreckenaufklärer ausgeschrieben. Da der Flugzeugbauer Breguet in Villacoublay nahe Paris die Lizenz zum Bau der Calcutta-Flugboote des britischen Herstellers Short besaß, entstand auf dieser Basis die 521 Bizerte. Nach dem Erstflug, der Erprobung und diversen Modifizierungen lieferte das Herstellerwerk zwischen 1935 und 1940 insgesamt 34 Maschinen an die französischen Seefliegerkräfte aus.

Ausgeführt war der verstrebte Anderthalbdecker als Ganzmetallkonstruktion – oben mit Duralumin und unten mit Stahlblech beplankt – mit zweifach gekieltem Rumpf und Stützschwimmern an den Unterflügeln. Unterhalb des Oberflügels waren die drei Triebwerke auf dem Rumpf und dem Unterflügel aufgeständert. Als Antrieb fungierten drei luftgekühlte Motoren vom Typ 14 N des Herstellers Gnom-Rhône mit jeweils 910 PS. Hierbei handelte es sich um zweireihige Sternmotoren mit 14 Zylindern und einem Hubraum von 38,7 Litern. Diese Motoren kamen auch bei Flugzeugen der Luftwaffe zum Einbau, beispielsweise der Messerschmitt Me 323, der Gotha Go 244 und der Henschel Hs 129 B. Die Bewaffnung der Breguet 521 Bizerte bestand aus zwei Zwillings-Maschinengewehren, zwei Torpedos sowie 300 Kilogramm Bombenzuladung.

Acht Exemplare des französischen Flugboots erwarben die deutschen Besatzer 1940.

Kleines Bild links: Breguet 521 Bizerte mit französischen Hoheitsabzeichen.

Technische Daten

Hersteller	Société Anonyme des Ateliers d'Aviation Louis Breguet
Typ	Breguet 521 Bizerte
Erstflug	11. September 1933
Gebaut ab	1935
Stückzahl	30
Motor	3 x Gnome et Rhône 14Klrs oder 14N-11, luftgekühlter Sternmotor, 14 Zylinder, 38,7 l Hubraum
Leistung (kW/PS)	3 x 671/910
Höchstgeschwindigkeit (km/h)	245
Reichweite (km)	3000
Dienstgipfelhöhe (m)	6000
Länge (m)	20,50
Höhe (m)	7,45
Spannweite (m)	35,15
Startmasse (kg)	16 600
Leermasse (kg)	9470
Besatzung	8

Heinkel He 111

Heinkel He 111 im Formationsflug.

Zu Beginn des Zweiten Weltkriegs war die Heinkel He 111 der Standardbomber der Luftwaffe. Bis 1945 war die Maschine auf sämtlichen Kriegsschauplätzen im Einsatz und spielte auch im Luftkrieg gegen Seeziele eine gewichtige Rolle. Ihren Erstflug absolvierte sie am 24. Februar 1934, zwei Jahre später lief der Serienbau an und bis zum Produktionsstopp im September 1944 entstanden 7603 Exemplare.

Eigentlich war die Deutsche Luft Hansa auf der Suche nach einem neuen Passagierflugzeug mit Platz für zehn Mitreisende und beauftragte die Ernst Heinkel Flugzeugwerke mit einem Entwurf. Schnell zeichnete sich ab, dass die Entwicklungskosten sich nicht mit dem Ertrag aus dem avisierten Auftrag in Einklang bringen lassen würden. Lediglich zwölf Maschinen für den Liniendienst waren in Auftrag gegeben worden. Also wurde die Maschine – auf Weisung des Reichsverkehrsministeriums – von Beginn an auch als Bomber konzipiert. Verantwortlich waren die Heinkel-Konstrukteure und Zwillingsbrüder Siegfried und Walter Günter, die ihre Erfahrungen mit dem einmotorigen Schnellverkehrsflugzeug, He 70 „Blitz" in den Entwurf einfließen ließen. Sie setzten konsequent auf Aerodynamik, was sich in der Folge an ihrem langgestreckten tropfenförmigen Rumpf, der strömungsgünstigen vollverglasten Rumpfnase und den elliptischen Flügel- und Leitwerksprofilen erkennen ließ.

Die Zelle war konventionell mit Duralblech beplankt, während der Rumpf hinter der Kabine in

Schalenbauweise mit einem engen Spantengerüst ausgeführt war. Die Tragflächen sowie Höhen- und Seitenleitwerk fertigte man ebenfalls in Metallbauweise.

Die Bugkanzel selbst war eine eigenständige Komponente, die vorne am Rumpfsegment verschraubt war. In diesem vorderen Bereich saßen durch Panzerung geschützt der Bug-MG-Schütze, der gleichzeitig das Bombenzielgerät bediente, und der Pilot. Dahinter befand sich der Lastenraum, an den sich wiederum der Funker-Schützenraum mit den MG-Ständen auf dem Rumpfrücken und im Boden anschloss.

Als Standardmotoren der He 111 waren zwei Junkers Jumo 211 verbaut, die über ein Getriebe auf hydraulisch arbeitende Junkers VS-11-Verstellpropeller wirkten. Ein automatischer Zweigang-Lader sorgte für gute Leistungen auch in großen Flughöhen. Die flüssigkeitsgekühlten Zwölfzylinder-V-Motoren hatten je nach Ausführung zwischen 1200 und 1340 PS. In früheren Versionen griffen die Ingenieure außerdem auf Motoren von BMW und Daimler-Benz zurück.

Im Spätherbst 1936 begann die Auslieferung des mittelschweren Bombers an die Luftwaffe.

Zur Bekämpfung von Seezielen konnte die He 111 zwei Torpedos mitführen.

Motorenwartung durch die Bodenmannschaft, am Kran hängt ein Jumo 211 V12-Aggregat.

Cockpit und Bugkanzel.

Bild rechts oben: Mercedes-Benz warb mit der He 111 für seine Flugmotoren, tatsächlich verbaute man in der Serie Jumo-Triebwerke.

30 Maschinen davon erlebten ihre Feuertaufe bereits ab März 1937 im Spanischen Bürgerkrieg bei der Kampfgruppe 88 in der Legion Condor. Während des Zweiten Weltkriegs flog die zweimotorige Heinkel an allen Fronten in diversen Versionen. Im Seekrieg erlangte sie Bedeutung während der Besetzung Norwegens, der Luftschlacht um England sowie bei der Bekämpfung feindlicher Schiffe im Mittelmeer.

Von ihren Stützpunkten in Norwegen aus griffen sie außerdem alliierte Konvois, Einzelfahrer und Kriegsschiffe in der Nordsee, dem Nordatlantik und in der Barentsee an. Neben ihrer Abwehrbewaffnung von bis zu sieben 7,92-mm-Maschinengewehren konnten sie eine maximale Bombenlast von drei Tonnen an Bord nehmen. Die Varianten He 111 J sowie H-4, H-5, H-6 und H-11 waren als Torpedobomber konzipiert und trugen zwei dieser Schwimmgeschosse auf der Rumpfunterseite. Einige Heinkel-Bomber kamen ab 1943 als Trägerflugzeuge für die funkferngesteuerte Gleitbombe Henschel Hs 293 zum Einsatz.

Bild rechts Mitte: Bewaffnet mit Torpedos kamen die He 111 gegen die alliierten Nordmeer-Geleitzüge zum Einsatz.

Bild rechts unten: Bei der Konstruktion des Standardbombers hatte man konsequent auf Aerodynamik gesetzt.

Museumstipp: In Norwegen, im Königlichen Museum Flysamlingen Forsvarets in Gardermoen nördlich von Oslo, kann eine 1938 gebaute He 111 P-2 nahezu im Originalzustand bewundert werden. Sie gehörte zum Kampfgeschwader 4 und wurde am 26. April 1940 von der Flugabwehr des Leichten Kreuzers „Manchester" der Royal Navy am rechten Triebwerk getroffen und anschließend von Bordflugzeugen des Flugzeugträgers „Ark Royal" unter Feuer genommen. Dem Piloten gelang eine Notlandung, der Bordingenieur kam ums Leben. 1976 wurde das Wrack geborgen und anschließend restauriert.

Kontakt und Info: www.flysam.no

Technische Daten

Hersteller	Ernst Heinkel Flugzeugwerke GmbH
Typ	Heinkel He 111
Erstflug	24. Februar 1935
Gebaut ab	1936
Stückzahl	7603
Motor	2 x Junkers Jumo 211 D, flüssigkeitsgekühlter V-Motor, 12 Zylinder, 35 l Hubraum
Leistung (kW/PS)	2 x 883/1200
Höchstgeschwindigkeit (km/h)	245
Reichweite (km)	1200
Dienstgipfelhöhe (m)	8000
Länge (m)	16,38
Höhe (m)	3,40
Spannweite (m)	22,50
Startmasse (kg)	14 000
Leermasse (kg)	6775
Besatzung	5

Dornier Do 18

Die beiden Jumo-Motoren der Do 18 konnten mit Diesel und Schweröl betrieben werden.

Basierend auf dem Flugboot Wal entwickelte Dornier ab 1934 die Do 18, die am 16. März 1935 ihren Erstflug absolvierte. Dies geschah in Eigeninitiative des Herstellers, ohne konkrete Auftragserteilung durch eine zivile oder militärische Organisation.

Der Rumpf der Do 18 war als Ganzmetallschale mit sieben Schotten und acht wasserdichten Abteilungen aufgebaut, dabei durch entsprechende Verstärkungen für den Katapultstart an Bord von Schiffen ausgelegt. Seine Spanten und Querträger waren mit Duralglattblech beplankt. Die Tragflächen des abgestrebten Hochdeckers ruhten mittig auf einem Pylon, der die Motorengondel trug. Darunter, knapp über der Wasseroberfläche befanden sich die beiden typischen Dornier-Flossenstummel, die in See für zusätzliche Stabilität sorgten und außerdem einen Teil der Kraftstoffbehältnisse aufnahmen. An ihren Außenkanten konnten Räder zum Transport an Land angebracht werden.

Vorne im Bugraum befand sich ein MG-Stand. Es folgten das Cockpit, der Navigations- und der Kraftstoffraum mit weiteren Tanks. Es schloss sich der Lade- und ganz am Ende der Heckraum mit dem hinteren Waffenstand und einem Großteil der nautischen und rettungstechnischen Ausrüstung an. Überwiegend der Verteidigung dienten die beiden in Drehkranzlafetten montierten MG 15. Später setzte man die moderneren Ausführungen MG 131 und MG 151 ein. Hinzu kam eine Abwurfvorrichtung für zwei 50-Kilogramm-Bomben unter der rechten Tragfläche.

Ungewöhnlich war die Motorisierung. Die beiden von Junkers gebauten Jumo-Sechszylinder waren in Tandembauweise montiert und trieben je eine Zug- und eine Druckschraube an, wobei es sich hierbei um dreiflügelige VDM-Verstellluftschrauben aus Metall mit vorne 3,30 und hinten 3,20 Metern Durchmesser handelte. Junkers baute als einziges deutsches Unternehmen Dieselflugmotoren in Serie. Der Jumo 205 C arbeitete im Zweitaktverfahren, war äußerst zuverlässig und verursachte deutlich niedrigere Kraftstoffkosten. Man betankte die Maschinen mit Diesel oder Schweröl, wodurch die Brandgefahr minimiert wurde.

Die erste, auf den Namen „Monsun" getaufte Do 18 übernahm, ebenso wie die vier folgenden Exemplare, die Deutsche Lufthansa. Hingegen betrachtete die Luftwaffe diese Maschine lediglich als Übergangslösung bis zum Zeitpunkt der Verfügbarkeit der dreimotorigen Blohm & Voss Bv 138. Zwar attestierte die Erprobungsstelle in Travemünde die Eignung zum See-Fernaufklärer, als Manko wurden jedoch die geringe Geschwindigkeit, schwache Bewaffnung und ihre

Verwundbarkeit hinsichtlich der einfachen Motorisierung angesehen. In der Frühphase des Zweiten Weltkriegs erlitt die Do 18 als einzig verfügbarer Seeaufklärer schwere Verluste. Als im Laufe des Jahres 1940 die Bv 138 zur fliegenden Truppe stieß, zog man das Dornier-Flugboot aus dem Frontdienst zurück. Das Gros der Maschinen fand in der Ausbildung und im Seenotrettungsdienst Verwendung. Einige erhielten in den letzten Kriegsmonaten das Schiffsortungsgerät FuG 200 und kamen in der Ostsee zur Bekämpfung sowjetischer U-Boote zum Einsatz.

Insgesamt entstanden 177 Exemplare der Do 18, davon 163 im Auftrag der Luftwaffe. 122 Maschinen davon baute die Weser-Flugzeugbau in Lizenz. Dabei gab es verschiedene Varianten, beispielsweise mit einer stärkeren Motorisierung bis zu 2 x 880 PS, mit Doppelsteuerung für Ausbildungszwecke und mit modifizierter Bewaffnung.

Zu Wasser bringen einer Do 18 auf dem Stützpunkt Norderney.

Die Do 18 „Zyklon" für die Lufthansa im Postdienst auf dem Südatlantik.

Technische Daten

Hersteller	Dornier-Metallbauten GmbH, ab 1938: Dornier-Werke GmbH
Typ	Dornier Do 18 D
Erstflug	16. März 1935
Gebaut ab	1933-1940
Stückzahl	170 (alle Ausführungen)
Motor	2 x Jumo 205 C, Zweitakt-Diesel-Gegenkolbenmotor mit Glykol-Heißkühlung, 6 Zylinder, 16,6 l Hubraum
Leistung (kW/PS)	440/600
Höchstgeschwindigkeit (km/h)	250
Reichweite (km)	4225
Dienstgipfelhöhe (m)	4350
Länge (m)	19,23
Höhe (m)	5,35
Spannweite (m)	23,70
Startmasse (kg)	10 000
Leermasse (kg)	5800
Besatzung	4

Messerschmitt Bf 109 T

Die für die „Graf Zeppelin" vorgesehenen Bf 109 T wurden nach dem Baustopp für den Flugzeugträger vorwiegend in Norwegen stationiert.

Noch in die Zeit der Weimarer Republik fiel der Beschluss zugunsten des Baus eines Flugzeugträgers für die Reichsmarine. Diese Planung griff die NS-Regierung auf und erweiterte sie sogar auf zwei Schiffe. Tatsächlich lief die „Graf Zeppelin" am 8. Dezember 1938 in Kiel vom Stapel, wurde jedoch kriegsbedingt nicht fertig gestellt. Den Bau des zweiten Trägers stoppte man kurz nach Kriegsbeginn und verschrottete den unfertigen Rumpf.

Vorgesehen für die Verwendung an Bord der „Graf Zeppelin" waren die Fieseler Fi 167 als Torpedobomber und Aufklärer, die Junkers Ju 87 als Sturzkampfbomber sowie der Doppeldecker Arado Ar 197. Letzterer sollte als Jäger eingesetzt werden, was wegen seiner veralteten Konstruktion jedoch verworfen wurde. Stattdessen fiel die Wahl auf die seinerzeit hochmoderne Messerschmitt Bf 109.

Die Bf 109 war neben der Focke-Wulf Fw 190 das wichtigste Jagdflugzeug der Luftwaffe während des Zweiten Weltkriegs. Nachdem das Reichsluftfahrtministerium 1934 die Entwicklung eines schnellen und wendigen Jagdeinsitzers ausgeschrieben hatte, entstand bei den Bayerischen Flugzeugwerken unter Federführung von Chefkonstrukteur Willy Messerschmitt die Bf 109 V1. Der Prototyp flog am 28. Mai 1935 und setzte sich in der Folge gegen die Konkurrenz von Arado, Focke-Wulf und Heinkel durch. Ab Februar 1937 übernahm die Luftwaffe die ersten Serienmaschinen in ihre Jagdverbände. Hervorragend bewährten sie sich ab März 1937 bei der Legion Condor im Spanischen Bürgerkrieg. Mehr

Auf Standard umgerüstete Bf 109 der Trägerstaffel auf dem Fliegerhorst in Nordholz.

als 33 000 Maschinen des Typs Bf 109 wurden in den unterschiedlichsten Ausführungen produziert und blieben durch permanente Modifikationen bis zur Kapitulation 1945 an allen Fronten ein konkurrenzfähiger Gegner.

Der Grundgedanke bei der Entwicklung der Bf 109 war, den Motor mit der höchsten Leistung in der kleinstmöglichen Zelle zu verbauen. In Kombination mit geringem Gewicht und niedrigem Luftwiederstand sollte ein Maximum an Geschwindigkeit erzielt werden. Hinzu kamen die Aspekte Wartungsfreundlichkeit und eine rationelle Produktion.

Konstruiert war die Maschine als freitragender Tiefdecker mit einziehbarem Hauptfahrwerk und einem Spornrad am Heck. Ihr Rumpf entstand in Ganzmetall-Schalenbauweise vorwiegend aus Duralglattblech. Im Januar 1939 lief die Serienproduktion der Variante Bf 109 E an, die einen Quantensprung bedeutete. Grund dafür war ein neuer, deutlich leistungsfähigerer Motor. Der flüssigkeitsgekühlte Daimler-Benz DB 601 N mit zwölf Zylindern in V-Anordnung und Einspritzanlage war mit 1175 PS deutlich stärker als der bislang verbaute Jumo 210 D mit 680 PS. Die Höchstgeschwindigkeit stieg um 100 auf 560 Kilometer pro Stunde.

Für die Verwendung auf den beiden in Bau befindlichen Flugzeugträgern der Kriegsmarine musste eine modifizierte Variante her, die Messerschmitt Bf 109 T. Sie basierte auf den E-Typen, besaß aber eine auf 11,08 Meter vergrößerte Spannweite und eine entsprechend höhere Flügelfläche von 17,50 Quadratmetern. Vorgesehen waren Starts mittels pneumatischer Katapulte – mit einer Beschleunigung auf 140 km/h innerhalb von drei Sekunden – sowie Deckslandungen, die durch quer zum Flugdeck gespannte Bremsseile verzögert werden sollten. Daraus ergaben sich für den Leichtbau-Jäger zwangsläufig höhere physikalische Belastungen, die man durch eine Verstärkung der Konstruktion kompensierte. Außerdem nahmen die Ingenieure aerodynamische Anpassungen vor, um eine bessere Steuerung des Landeanflugs, eine genaue Kontrolle des Landepunktes zu ermöglichen. Störklappen an den Oberseiten der Tragflächen verhinderten unmittelbar vor dem Aufsetzen einen Strömungsabriss und erhöhten die Sinkrate.

Zur erweiterten Ausrüstung der Bf 109 T gehörten vier Katapultbeschläge, ein absenkbarer Fanghaken und ein Abweiserbügel für das Bremsseil vor dem Hauptfahrwerk. Im Cockpit kamen zusätzliche Armstützen, verstärkte Kopfpolster und der Fanghakenauslöser hinzu. Die Maschine konnte bei Bedarf mit einem 300 Liter-Zusatztank ausgestattet werden.

Bewaffnet waren die Messerschmitt Bf 109 T mit zwei MG 17 im Kaliber 7,92 Millimeter. Sie waren oberhalb des Motors platziert und feuerten durch den Propellerkreis. In den Tragflächen waren außerdem zwei 20-mm-Maschinenkanonen MG FF des Kalibers 20 Millimeter angeordnet.

Nach umfangreichen Tests des Prototyps Bf 109 T-0 bei der Erprobungsstelle in Travemünde übernahm die Gerhard-Fieseler-Werke GmbH in Kassel den Bau der Trägerflugzeuge. Zwischen dem 8. April und dem 29. Juni 1941 entstanden zunächst sieben Bf 109 T-1 mit voller Ausrüstung, anschließend weitere 63 Bf 109 T-2 ohne Trägerausstattung, aber in kürzester Zeit nachrüstbar. Zu diesem Zeitpunkt war der Bau beider Flugzeugträger bereits ins Stocken geraten. Mit einem Erlass vom 2. Februar 1943 beendete man das Trägerprogramm, woraufhin die sieben T-1-Typen bei Fieseler auf T-2-Standard zurückgerüstet wurden.

Die Maschinen wurden nach dem Baustopp für die „Graf Zeppelin" an der Südküste Norwegens stationiert. Hier sicherten sie das Küstenvorfeld und flogen Geleitschutz für Schiffskonvois der Kriegsmarine. Für die schmalen und kurzen Startbahnen der norwegischen Flugplätze eigneten sich die T-Ausführungen sehr gut. Mehrere Ma-

Photo © Karsten Palt flugzeuginfo.net - das Flugzeuglexikon / the Aircraft Encyclopedia

Museumstipp: Im Technik Museum Sinsheim kann man eine Messerschmitt Bf 109 G-6 hautnah erleben. Eine Maschine mit einer ungewöhnlichen Geschichte. Sie wurde aus Teilen verschiedenster Original-Maschinen sowie neu hergestellten Komponenten zusammengefügt und diente angehenden Ingenieuren als statisches Anschauungsobjekt an der TH Aachen.

Kontakt und Info:
www. sinsheim.technik-museum.de

schinen leisteten noch einige Monate Dienst im Küstenschutz bei der Jagdstaffel Helgoland. Ende 1943 wurden die Bf 109 T dieser Einheit wieder nach Südnorwegen verlegt. Die letzte Aufgabe, welche die Bf 109 T schließlich fast bis Kriegsende verrichtete, bestand in der Ausbildung, hauptsächlich im NJG 101 und der Blindflugschule 10.

Der Flugzeugträger „Graf Zeppelin" der Kriegsmarine war nahezu fertig gebaut, wurde aber nie in Dienst gestellt.

Kleines Bild links: Messerschmitt Bf 109 T beim Katapultstart.

Technische Daten

Hersteller	Bayerische Flugzeugwerke AG, ab 1938: Messerschmitt AG
Typ	Messerschmitt Bf 109
Erstflug	28. Mai 1935
Gebaut ab	1941
Stückzahl	70 (alle T-Ausführungen)
Motor	Daimler-Benz DB 601 N, wassergekühlter V-Motor, 12 Zylinder, 33,9 l Hubraum
Leistung (kW/PS)	934/1253
Höchstgeschwindigkeit (km/h)	560
Reichweite (km)	800
Dienstgipfelhöhe (m)	10 500
Länge (m)	8,64
Höhe (m)	2,60
Spannweite (m)	11,08
Startmasse (kg)	2800
Leermasse (kg)	2160
Besatzung	1

Arado Ar 95

Trotz erfolgreicher Erprobung konnte die Arado Ar 95 anschließend in der Praxis nicht überzeugen.

Einer Ausschreibung des Technischen Amtes im Reichsluftfahrtministerium folgend, entwickelten die Arado Flugzeugwerke in Rostock-Warnemünde 1936 mit der Ar 81 ein Sturzkampfflugzeug, das im Vergleichsfliegen mit der Junkers Ju 87 ebenso wie die Heinkel He 118 das Nachsehen hatte. Dieser Flugzeugtyp wurde indes weiterentwickelt, da die Kriegsmarine Bedarf an einem katapultfähigen Schwimmerflugzeug als Torpedoträger, Nah- und Fernaufklärer, Bomber, Nebler und als Scheibenschlepper anmeldete.

Zwei Prototypen mit drei Motoren – dem Bramo 322 B, Jumo 210 und dem BMW 132 Dc – wurden ausgiebig getestet. Letztendlich jedoch nicht zur Zufriedenheit der Auftraggeber. Das Reichsluftfahrtministerium brach die Erprobung der Ar 95 ab und strich eine bereits geplante Vorserie, gab aber den Export von 50 Maschinen frei. Tatsächlich wurden 1939 neun Exemplare nach Chile geliefert, drei weitere nach Spanien. Da mit Beginn des Zweiten Weltkriegs kein Verkauf ins Ausland mehr möglich war, übernahm die Luftwaffe die bereits vorproduzierten Maschinen und teilte sie der 3. Staffel der Aufklärungsgruppe See zu. Zur Jahresmitte 1942 nahm man sie aus dem Einsatz und lagerte sie ein. Ein gutes Jahr später erfolgte die Reaktivierung als Seeaufklärer und U-Boot-Jäger in der östlichen Ostsee und im Finnischen Meerbusen.

Der Rumpf der Arado Ar 95 war mit einem ovalen Querschnitt in Dural-Schalenbauweise ausgeführt. Er besaß drei hintereinander angeordnete Sitze für die Besatzungsmitglieder – den Piloten, den Funker und den Bordschützen. Sie waren durch eine dreiteilige Schiebehaube nach oben hin geschützt. Die Tragflächen des abgestrebten Doppeldeckers konnten nach hinten geklappt werden. Die beiden einstufigen, dabei stark gekielten Schwimmer waren in mehrere wasserdichte Abteilungen aufgeteilt und besaßen am hinteren Ende ein hochziehbares Ruder zum Manövrieren bei der Fahrt durchs Wasser. Sie konnten mit geringem Aufwand gegen ein Radfahrwerk getauscht werden.

Der BMW 132-Motor war eine Weiterentwicklung des Pratt & Whitney R-1690, der seit den späten 20er-Jahren von BMW in Lizenz gebaut und weiterentwickelt wurde. Der luftgekühlte Sternmotor mit neun Zylindern erreichte je nach Ausführung bis zu 1200 PS, fand unter anderem in so legendären Flugzeugen wie der Junker Ju 52 und der Focke-Wulf Fw 200 Condor Verwendung. Mehr als 21 000 Motoren dieser Baureihe entstanden bis 1945. Die in der Arado Ar 95 verbaute Version 132 Dc ermöglichte eine maximale Geschwindigkeit von 302 Stundenkilometern in einer Höhe von 3000 Metern. Ihre Reichweite betrug 2200 Kilometer bei voller Betankung mit 1370 Litern Treibstoff.

Bewaffnet war der Doppeldecker mit einem starren, nach vorn feuernden MG 17 sowie einem auf Arado-Kurbellafette schwenkbaren MG 15 im hinteren Cockpit. Als Außenlast konnten eine 250 Kilogramm-Bombe, eine Kamera für Aufklärungsfotos oder zwei Zusatzbehälter mit jeweils 225 Litern Treibstoff mitgeführt werden.

Neun Exemplare der Arado Ar 95 wurden nach Chile exportiert.

Technische Daten

Hersteller	Arado Flugzeugwerke GmbH
Typ	Arado Ar 95
Erstflug	3. Dezember 1936
Gebaut ab	1938
Stückzahl	42
Motor	1 x BMW 132 Dc, luftgekühlter Sternmotor, 9 Zylinder, 27,7 l Hubraum
Leistung (kW/PS)	625/850
Höchstgeschwindigkeit (km/h)	302
Reichweite (km)	2200
Dienstgipfelhöhe (m)	7300
Länge (m)	11,10
Höhe (m)	5,20
Spannweite (m)	12,50
Startmasse (kg)	3570
Leermasse (kg)	2450
Besatzung	2-3

Junkers Ju 88

Kein Flugzeug der Luftwaffe kam so häufig gegen feindliche Seeziele zum Einsatz wie die Ju 88.

Zu den Standard-Kampfflugzeugen der Luftwaffe zählte mit 14 882 in verschiedenen Versionen gebauten Exemplaren die Junkers Ju 88. Entwickelt als Horizontal- und Sturzkampfbomber, fand die vielseitige Maschine als Fern- und Torpedobomber, Minenleger, See- oder Fernaufklärer, als Wetterbeobachter, Schulflugzeug mit Doppelsteuerung, Zerstörer, Nachtjäger und Tiefflieger Verwendung.

1935 forderte das Reichsluftfahrtministerium ein schnelles Kampfflugzeug mittlerer Größe von der Luftfahrtindustrie. Als Anforderungen formulierten die Auftraggeber: Zwei Motoren, Dauergeschwindigkeit 450 km/h, drei Mann Besatzung, leichte Abwehrbewaffnung, 500 kg Bombenlast und eine Steigleistung bei voller Beladung von 7000 m in 25 Minuten. Zielsetzung war es, den Angriffen feindlicher Jagdflugzeuge allein durch die eigene Geschwindigkeit zu entgehen. An der Ausschreibung beteiligten sich neben Junkers noch Dornier, Henschel, Messerschmitt und später auch Heinkel.

Ihren Erstflug absolvierte das Versuchsmuster Ju 88 V1, in diesem Stadium noch von zwei Daimler-Benz DB 600-Motoren angetrieben, am 21. Dezember 1936. Nach weiteren modifizierten Prototypen und einer Vorserie lief die Serienproduktion Mitte 1939 an allen Standorten der Junkers Flugzeug- und Motorenwerke AG an. Lizenzbauten entstanden bei Arado, Henschel, Dornier, Heinkel, Siebel und ATG. Komponenten von Zellen und Fahrwerken steuerten VW und Opel bei.

Die Konstruktionen der Konkurrenz, konkret die aus der Messerschmitt Bf 110 abgeleitete Bf 162 sowie die Henschel Hs 127, wurden verworfen.

Produziert wurde das Mehrzweck-Kampfflugzeug in Ganzmetall-Schalenbauweise mit verglaster Bugkanzel und einer dahinter aufgesetzten verglasten Abdeckung des Cockpits. Im vorderen Bereich der Rumpfunterseite vergrößerte eine nach rechts versetzte Liegewanne die Kabine. Die freitragenden zweiholmigen Tragflächen besaßen Sturzflugbremsen und Warmluftenteisung. Das Hauptfahrwerk wurde nach dem Start hydraulisch in die Motorgondeln und das Spornrad in den Rumpf eingezogen.

Die Junkers Ju 88 wurde während ihrer gesamten Bauzeit ständig an die technischen Entwicklungen sowie veränderte Einsatzprofile angepasst. Die am häufigsten gebaute Ausführung war die Ju 88 A-4. Sie wurde von zwei Jumo 211 J-Motoren mit zwölf Zylindern in V-Anordnung angetrieben, diese leisteten jeweils 1420 PS und ermöglichten eine Höchstgeschwindigkeit von 500 km/h in unbeladenem Zustand. Der Treibstoffvorrat von 3850 Litern verteilte sich auf vier Tanks in den Tragflächen und einem weiteren Tank im hinteren Lastenraum. Bis zu 2030 Kilometer betrug die Reichweite, die durch Zusatztanks erweitert werden konnte.

Bei Angriffen durch gegnerische Jagdflugzeuge erwies sich die Ju 88 als sehr verwundbar, was sich im Kriegsverlauf durch die Luftüberlegenheit des Gegners und dessen immer schwerer armierte und schnellere Flugzeuge dramatisch verschärfte. Zwar wurde die Abwehrbewaffnung von anfangs drei auf vier bis sieben Maschinengewehre erhöht. Dabei war es jedoch von Nachteil, dass es keine überlappenden Feuerbereiche für eine konzentrierte Verteidigung gab. Die interne und externe Bombenlast betrug bis zu 3000 kg.

Zum Einsatz kam die Junkers Ju 88 an allen Kriegsfronten. Bedeutung bei der Bekämpfung von Seezielen erlangte sie beim Unternehmen Weserübung, der Besetzung Norwegens und Dänemarks. Außerdem während der Luftschlacht um England, im Mittelmeerraum und in der Ägäis. Von ihren norwegischen Stützpunkten aus flogen sie Einsätze zur Küstensicherung und gegen die Nordmeergeleitzüge der Alliierten. Unter der Bezeichnung Ju 88 A-17 entstanden 364 Maschinen in der Ausführung als Torpedobomber.

Wartungsarbeiten an einem der beiden Jumo V12-Motoren.

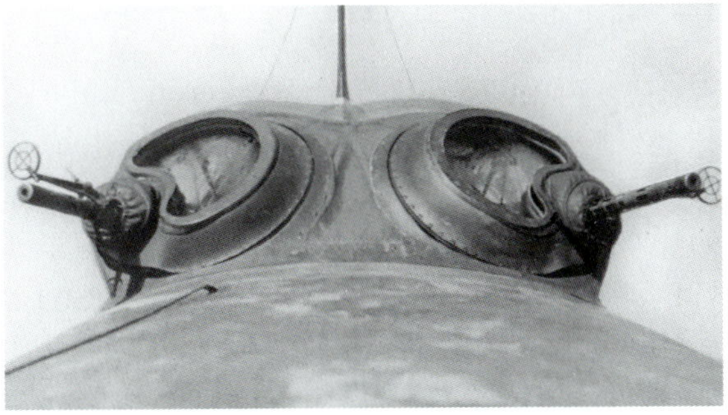

Zwei Maschinengewehre der Abwehrbewaffnung sicherten den Bereich hinter und schräg neben der Ju 88.

Der Arbeitsplatz des Flugzeugführers in der Kanzel.

Museumstipp: Die Junkers Ju 88 im Royal Air Force Museum Cosford hat eine ganz besondere Historie: Sie wurde 1942 als Ju 88 A-1-Bomber gebaut und Anfang 1943 für die Nachtjagd über dem deutschen Reichsgebiet auf den R-1-Standard umgerüstet. Im Mai 1943 täuschte die Besatzung einen Motorbrand vor und desertierte nach England. Mit der Maschine fiel den Briten auch das neue deutsche Radarsystem „FuG 202 Lichtenstein" in die Hände, das deren Abwehr wichtige technische Erkenntnisse einbrachte.

Kontakt und Info:
www.rafmuseum.org.uk

Fast 15 000 Einheiten des vielseitigen Kampfflugzeugs Ju 88 wurden gebaut.

Technische Daten

Hersteller	Junkers Flugzeug- und Motorenwerke AG
Typ	Junkers Ju 88 (Version A-4)
Erstflug	21. Dezember 1936
Gebaut ab	1939
Stückzahl	14 882
Motor	2 x Jumo 211 J, flüssigkeitsgekühlter V-Motor, 12 Zylinder, 35 l Hubraum
Leistung (kW/PS)	1044/1420
Höchstgeschwindigkeit (km/h)	500
Reichweite (km)	2030
Dienstgipfelhöhe (m)	7500
Länge (m)	14,36
Höhe (m)	4,85
Spannweite (m)	20,08
Startmasse (kg)	13 750
Leermasse (kg)	9860
Besatzung	4

Heinkel He 114

Auslieferungsbereite He 114 auf dem Gelände der Weser-Flugzeugbau.

Ernst Heinkel genoss bereits während des Ersten Weltkriegs den Ruf, erstklassige Wasserflugzeuge zu konstruieren. Der Entwurf der He 114 erwies sich in der Praxis bei den Seefliegern der Luftwaffe hingegen als wenig geglückt. Zu schwach, zu langsam und Probleme bei der Landung in kabbeliger See – so die Bilanz 1936 nach der Ersterprobung. Heinkel besserte nach und die Flugeigenschaften wurden nun von der Seefliegererprobungsstelle der Luftwaffe in Travemünde positiv bewertet. Die Seekriegsleitung suchte seinerzeit Ersatz für das in die Jahre gekommene Bordflugzeug Heinkel He 60.

1938 lief die Serienfertigung bei der Weser Flugzeugbau an. Die erste Charge von 33 Maschinen der Serie war mit 880 PS starken BMW 132 Dc-Motoren ausgerüstet. Alle weiteren 65 He 114 wurden vom BMW 132 K mit 970 PS angetrieben. Zum Einsatz kamen sie in der Pilotenausbildung, als Aufklärer bei der Küstenfliegergruppe 506, als Bordflugzeug auf den Schlachtschiffen „Scharnhorst" und „Gneisenau" sowie auf den Hilfskreuzern „Atlantis", „Widder" und „Pinguin". Zu Beginn des Zweiten Weltkriegs ersetzte man sie durch die deutlich leistungsfähigere Arardo Ar 196. Mehrere He 114 wurden nach Schweden, Spanien und Rumänien exportiert.

Hinsichtlich ihrer Konstruktionsmerkmale handelte es sich bei der Heinkel He 114 um einen einmotorigen zweisitzigen Eineinhalbdecker. Gefertigt in Ganzmetall-Schalenbauweise, besaß die Maschine ein starres verspanntes Schwimmerwerk. Der luftgekühlte Neunzylinder-Sternmotor BMW 132 K wirkte auf einen Dreiblatt-Metall-Verstellpropeller und sorgte für eine maximale Geschwindigkeit von 335 Stundenkilometern. 4,3 Minuten dauerte es, das Flugzeug in eine Höhe von 1000 Metern zu bringen. Die Reichweite betrug bei einer Marschgeschwindigkeit von 295 Stundenkilometern rund 920 Kilometer. 640 Liter fassten die Treibstofftanks, der Verbrauch lag im Marschflug bei rund 260 Litern pro Stunde.

Bewaffnet war die He 114 mit einem schwenkbaren MG 15 im hinteren Teil der Kabine. Einige Exemplare besaßen zusätzlich ein Zwillings-MG 17 vorne auf dem Rumpf. Es konnte außerdem eine Bombenlast von 100 Kilogramm transportiert werden.

Eine He 114 wird mittels Slipleine auf den Haken genommen und an Land gezogen.

Im Formationsflug über der spiegelglatten Ostsee.

Technische Daten

Hersteller	Ernst Heinkel Flugzeugwerke GmbH
Typ	Heinkel He 114
Erstflug	16. Februar 1937
Gebaut ab	1938
Stückzahl	98
Motor	1 x BMW 132 K, luftgekühlter Sternmotor, 9 Zylinder, 27,7 l Hubraum
Leistung (kW/PS)	706/960
Höchstgeschwindigkeit (km/h)	335
Reichweite (km)	1000
Dienstgipfelhöhe (m)	4900
Länge (m)	11,65
Höhe (m)	5,23
Spannweite (m)	13,60
Startmasse (kg)	3670
Leermasse (kg)	2300
Besatzung	2

Arado Ar 196

Mit mehr als 500 produzierten Exemplaren war die Ar 196 das meistgebaute Seeflugzeug der Luftwaffe.

Wenig zufrieden war die Führung der Kriegsmarine mit den Bordflugzeugen der Schlachtschiffe und Schweren Kreuzer. Die bislang auf Großkampfschiffen eingesetzten Typen Arado Ar 95 sowie Heinkel He 50 und He 114 waren technisch überholt und ihre Flugleistungen nicht mehr zeitgemäß. Das Oberkommando der Marine formulierte Ende 1936 gemeinsam mit dem Reichsluftfahrtministerium das Anforderungsprofil für ein neues modernes Katapult-Schwimmerflugzeug: Klappbare Tragflächen und eine Spannweite von maximal 12,50 Metern waren die Vorgaben, es sollte zweisitzig und einmotorig sein und einen Seegang bis zur Stärke 4 abreiten können. Die Arado-Flugzeugwerke in Warnemünde setzten sich mit ihrem Entwurf des Tiefdeckers Ar 196 gegen die Focke-Wulf Fw 62 durch, die als Doppeldecker ausgeführt war. Dabei konnte der Konkurrent durch bessere See- und Flugeigenschaften überzeugen. Die Arado punktete hingegen mit ihrer einfachen und robusten Bauweise, der einfacheren Handhabung und einer höheren Zuladung.

Ab Oktober 1938 wurden die ersten für Katapultstarts ausgerüsteten Maschinen ausgeliefert. Die Bordfliegerstaffeln übernahmen die Version A-1, später modifiziert zur A-4, ab Juni 1939. Trägerschiffe waren unter anderem die Großkampfschiffe „Admiral Graf Spee", „Admiral Scheer", „Scharnhorst", „Gneisenau", „Prinz Eugen", „Admiral Hipper" sowie „Bismarck" und „Tirpitz". Bewaffnet waren die Einheiten mit einem beweglichen MG 15 auf Schwenkarmlafette, zwei 20 mm MG in den Flügeln sowie zwei 50-kg-Bomben unter den Tragflächen. Zur Ausrüstung gehörte das Telefunken Kurz-und Mittelwellenfunkgerät FuG 5 aU zur Kommunikation mit dem Trägerschiff insbesondere während der Start- und Landephasen. Zusätzlich baute man einen speziellen Scheibenschlepper für die Schießausbildung der Schiffsflak.

Die Ar 196 der Serien A-2 und A-3 kamen als Aufklärer für Küstenpatrouillen in der Nord- und Ostsee zum Einsatz. Sie waren gegenüber der A-1 aerodynamisch optimiert und besaßen eine verstärkte Bewaffnung mit einem zusätzlichen 7,92-mm MG 17 in der rechten Rumpfseite.

Der Rumpf der Arado bestand aus einem geschweißten Stahlrohrgerüst, das im vorderen Bereich mit Leichtmetall beplankt und hinter der Kanzel mit Stoff bespannt war. Die Zwillingsschwimmer fertigte man ebenfalls aus jener leichten, als Hydronalium bezeichneten Aluminiumlegierung. Innerhalb der beiden Schwimmer war jeweils ein Kraftstofftank mit einem Volumen von 300 Litern integriert. Außerdem staute man an dieser Stelle ein Nebelgerät sowie Notmunitions- und Notproviantbehälter. Konstruiert als freitragender Tiefdecker, waren die klappbaren Flächen ebenso wie das Leitwerk in Ganzmetallbauweise ausgeführt.

Als Antrieb griffen die Arado-Ingenieure auf den bewährten luftgekühlten, 960 PS starken 132 K-Flugmotor von BMW zurück. Er besaß neun sternförmig angeordnete Zylinder, außerdem Kraftstoffeinspritzung und einen mechanischen Eingangslader. Der Motor wirkte auf eine verstellbare Dreiblatt-Holzluftschraube mit einem Durchmesser von 3,10 Metern.

Mehrheitlich wurde die Ar 196 im Arado-Stammwerk in Warnemünde unter Einbeziehung von externen Zulieferbetrieben produziert. Weitere Maschinen entstanden bei SNCASO im französischen Saint-Nazaire und in den Niederlanden bei den Fokker Flugzeugwerken in Amsterdam. Etwa 530 Exemplare baute man bis zum Produktionsende im August 1944.

Mit dem Kran wird die Arado nach einer Bruchlandung – ein Propellerblatt ist abgebrochen – zurück an Bord gehievt.

Technische Daten

Hersteller	Arado Flugzeugwerke GmbH
Typ	Arado Ar 196
Erstflug	15. Juli 1937
Gebaut ab	1938
Stückzahl	297
Motor	1 x BMW 132 K, luftgekühlter Sternmotor, 9 Zylinder, 27,7 l Hubraum
Leistung (kW/PS)	706/960
Höchstgeschwindigkeit (km/h)	335
Reichweite (km)	1070
Dienstgipfelhöhe (m)	7020
Länge (m)	10,96
Höhe (m)	4,45
Spannweite (m)	12,40
Startmasse (kg)	3730
Leermasse (kg)	2990
Besatzung	2

Dornier Do 24

Lizenzproduktion des dreimotorigen Flugboots bei der Weser-Flugzeugbau.

Unzählige Menschen verdanken diesem Flugboot ihr Leben: die Dornier Do 24 ist das wohl berühmteste Seenotrettungsflugzeug weltweit. Dass es überhaupt in Großserie gebaut wurde, ist ein Verdienst des niederländischen Marine Luchtvaart Dienst. Dort suchte man ein multifunktional einsetzbares Wasserflugzeug für Patrouillen-, Versorgungs- und Rettungsaufgaben vorwiegend in Niederländisch-Ostindien. Bei Dornier beteiligte man sich zeitgleich unter der Bezeichnung Projekt P.14 an einer Ausschreibung des Reichsluftfahrtministeriums zur Entwicklung eines hochseefähigen Fernaufklärungsflugboots. Vor dem Hintergrund des avisierten Auftrags über 30 Flugboote aus den Niederlanden änderte Dornier die Prioritäten. Am 10. Januar 1937 fand der Erstflug statt, anschließend die Hochsee-Erprobung in der Nordsee. Sechs Prototypen wurden gebaut. Es folgte der Serienanlauf mit 28 Do 24 für die niederländischen Auftraggeber, ausgerüstet mit jeweils drei 850 PS starken Wright-Cyclone-GR-1820-F52-Motoren. Gebaut wurden die Flugboote bei der Weserflug und in Lizenz in den Niederlanden.

Nach dem Einmarsch der Wehrmacht in die Niederlande im Mai 1940 fielen den Besatzern mehrere Do 24 in unterschiedlichen Baustadien in die Hände. Zwei Maschinen wurden zur Nacherprobung zum Seefliegerstützpunkt nach Norderney überführt. Die Tests liefen zur vollen Zufriedenheit, die Militärs beschlossen eine Weiterführung der Produktion in den Niederlanden. Hinzu kam, dass sich bei der Besetzung Norwegens ein erheblicher Bedarf an Seenotrettungsflugzeugen ergeben hatte. Die für diesen Zweck bereitgehaltene He 59 war technisch veraltet und nicht in ausreichender Zahl vorhanden.

Der in seiner Formgebung der Do 18 folgende Rumpf war als Ganzmetallboot mit den doriertypischen Stummeln zur Erhöhung der Querstabilität auf See ausgeführt. Wasserdichte Schotts unterteilten ihn in mehrere Sektionen, so dass die Maschine bei Beschädigungen an der Wasseroberfläche blieb.

Leitwerk und Tragfläche bestanden ebenfalls aus Metall. Für den Seenoteinsatz gab es auf der linken Rumpfseite je zwei Ladeklappen und eine Heizung für den Passagier- und Frachtraum. Das Mittelteil der Hochdeckerflügel trug die drei BMW-Motoren vom Typ Bramo 323R- 2, die bei der Hauptversion der Do 24, der T-1, verbaut waren. Sie wirkten auf jeweils einen dreiblättrigen VDM-Verstellpropeller mit 3,40 Metern Durchmesser. Mit dem Treibstoffvorrat von bis zu 5320 Litern konnte eine Reichweite von 4700 Kilometern erzielt werden. Die Abwehrbewaffnung bestand aus drei Maschinengewehren: je ein 7,92 mm-MG 15 in Bug und Heck sowie eine 20 mm-Kanone MG 151/20 im hydraulisch drehbaren Turm auf dem Rücken der Do 24.

Insgesamt wurden von Dornier, Aviolanda in den Niederlanden und der französischen SNCAN 313 Flugboote des Typs Dornier Do 24 gefertigt. Eingesetzt waren sie während des Zweiten Weltkriegs in der Nord- und Ostsee, im Nordatlantik, im Mittelmeer, der Ägäis und im Schwarzen Meer. Auch nach Kriegsende nutzten mehrere Staaten die Maschine für die Rettung aus Seenot sowie Transportzwecke. Die letzte Do 24 wurde 1969 in Spanien außer Dienst gestellt.

Prototyp der Do 24 während der Hochsee-Erprobung.

Technische Daten

Hersteller	Dornier-Metallbauten GmbH, ab 1938: Dornier-Werke GmbH
Typ	Dornier Do 24
Erstflug	10. Januar 1937
Gebaut ab	1938
Stückzahl	313
Motor	3 x Bramo 323R-2, luftgekühlter Sternmotor, 9 Zylinder, 26,8 l Hubraum
Leistung (kW/PS)	3 x 736/1000
Höchstgeschwindigkeit (km/h)	370
Reichweite (km)	4700
Dienstgipfelhöhe (m)	7500
Länge (m)	22,05
Höhe (m)	5,53
Spannweite (m)	27,30
Startmasse (kg)	13 700
Leermasse (kg)	9400
Besatzung	6

Blohm & Voss Bv 138

Aufklärungs- und Transportflüge waren die Hauptaufgaben des „Fliegenden Holzschuhs" von Blohm & Voss.

Wegen seiner prägnanten Rumpfform erhielt die Bv 138 den Spitznamen „Fliegender Holzschuh". Entwickelt wurde sie ab 1934 in Konkurrenz zur Do 24 von der Hamburger Flugzeugbau GmbH, einem Tochterunternehmen der Werft Blohm & Voss. Gefordert war ein Seefernaufklärer mit zwei der neu entwickelten, besonders sparsamen und robusten Jumo-206-Dieselmotoren. Der erste Prototyp hatte große Probleme mit der Aerodynamik und war praktisch nicht aus dem Wasser heraus zu starten. Außerdem war das Seegangsverhalten mangelhaft. Die Hamburger besserten nach und mit dem zweiten Prototyp gehörten die verheerenden Mängel der Vergangenheit an.

Im Januar 1940 lief die Produktion – nun unter der Herstellerbezeichnung Blohm & Voss – mit 25 Exemplaren der Version A-1 an. Es folgten 20 B-1-Maschinen und schließlich die die Großserie von 161 Stück C-1 aus Hamburg und 67 weiteren Bv 138 in Lizenz bei der Weser Flugzeugbau. Ende 1943 lief die Fertigung aus.

Mit ihrem vergleichsweise kurzen Bootsrumpf, den beiden Leitwerksträgern und ihren weit außen angebrachten Stützschwimmern besaß die Bv 138 ein ungewöhnliches Erscheinungsbild. Die Maschine war komplett in Metall ausgeführt und hatte entgegen der Vorgabe des Reichsluftfahrtministeriums nun drei Motoren vom Typ Jumo 205 D mit zusammen 2640 PS.

Bewaffnet war das Flugboot in der Rumpfnase mit einem MG 151, montiert in einem hydraulischen schwenkbaren Drehturm vom Typ HDL 151. Zwei MG 131 waren in getrennten Abwehrständen im Heckbereich positioniert. Bis zu sechs 50-Kilogramm-Bomben oder vier 150-Kilogramm-Wasserbomben konnten mitgeführt werden.

Unmittelbar nach der Auslieferung der ersten Blohm & Voss-Flugboote kamen diese beim Unternehmen Weserübung, der Besetzung Norwegens, als Seefernaufklärungs- und Transportmaschine zu Einsatz. Später zeigten sie Präsenz in der Nord- und Ostsee, im Eismeer und im Ärmelkanal sowie im Schwarzen Meer. Die Bv 138 eskortierte und schützte Geleitzüge aus der Luft und machte Jagd auf gegnerische U-Boote. Mehrere Einheiten gehörten neben der Ju 52 zum Minensuchverband Mausi und besaßen die Ausrüstung zum Sprengen von Seeminen im Tiefflug, bestehend aus einer ringförmigen Magnetspule unter dem Rumpf und einem Gleichspannungsgenerator.

Lkw und Raupenschlepper ziehen die Bv 138 in einem norwegischen Fjord an Land.

Museumstipp: Nach dem Ende des Zweiten Weltkriegs veranstalteten britische Truppen in Dänemark eine Flugschau, in deren Rahmen eine erbeutete Blohm & Voss Bv 138 in der Øresund-Meerenge bei Kopenhagen versenkt wurde. Taucher entdeckten das gut erhaltene Wrack im Jahr 2000 auf dem Meeresboden. Die Maschine wurde gehoben und konserviert. In diesem nicht vollständigen Zustand ist das Flugboot im Dänischen Technischen Museum in Helsingør ausgestellt. Auf eine aufwändige Restaurierung des ramponierten „Fliegenden Holzschuhs" verzichteten die Historiker nach der Bergung.

Kontakt und Info:
www.tekniskmuseum.dk

Technische Daten

Hersteller	Hamburger Flugzeugbau GmbH, ab Ende 1937: Blohm & Voss, Abt. Flugzeugbau
Typ	Blohm & Voss Bv 138
Erstflug	15. Juli 1937
Gebaut ab	1938
Stückzahl	281
Motor	3 x Jumo 205 D, flüssigkeitsgekühlte Diesel-Gegenkolbenmotor, 16,6 l Hubraum
Leistung (kW/PS)	3 x 650/880
Höchstgeschwindigkeit (km/h)	285
Reichweite (km)	4300
Dienstgipfelhöhe (m)	5000
Länge (m)	19,85
Höhe (m)	5,90
Spannweite (m)	26,94
Startmasse (kg)	17 650
Leermasse (kg)	11 700
Besatzung	6

Focke-Wulf Fw 200 Condor

Focke-Wulfs viermotorige Condor erregte großes Aufsehen als ziviler Transatlantikflieger, doch auch als Militärmaschine war sie vielfältig einsetzbar.

Diese Maschine ist eine Legende und hätte zu einer Ikone in der Geschichte der zivilen Luftfahrt werden können. Die Focke-Wulf Fw 200 Condor war in ihrer Epoche das größte und modernste Langstreckenflugzeug Europas. Mit einer Spannweite von 33 Metern und einer Länge von 24 Metern bot sie Platz für 26 Fluggäste. Doch der Zweite Weltkrieg bremste die Karriere der Passagiermaschine aus.

Exakt 13 Monate nach Erteilung des Entwicklungsauftrags durch die Lufthansa und das Reichsluftfahrtministerium absolvierte die Maschine am 27. Juli 1937 ihren Erstflug. Gefordert und realisiert war – in der Nachfolge der Junkers Ju 52 – eine viermotorige Passagiermaschine für den Nonstop-Transatlantikverkehr, konstruiert als freitragender Tiefdecker in Schalenbauweise mit einziehbarem Fahrwerk. Nach gut einjähriger Erprobung flog die die FW 200 V1 mit der Kennung D-ACON der Lufthansa am 10. August 1938 als erstes landgestütztes Passagierlangstreckenflugzeug nonstop die 6371 Kilometer lange Strecke von Berlin-Staaken zum Floyd Bennett Field in New York City in 24 Stunden und 56 Minuten. Weitere aufsehenerregende Fernflüge nach Kairo, Tokio und in die USA folgten.

Bereits 1939 entstand neben den zivilen A- und B-Versionen der Condor die militärische Ausführung C mit stärkeren Triebwerken und Bewaffnung. Sie kamen als Transportmaschinen, Fernbomber, Wetter- und Seefernaufklärer zum Einsatz. Eine ganze Flotte von Fw 200 bekämpfte in den ersten beiden Kriegsjahren mit großem Erfolg die alliierten Versorgungsgeleitzüge im Nordatlantik und im Eismeer. Von der französischen und norwegischen Küste aus starteten sie bis tief in den Atlantik hinein, um für die U-Boote der Kriegsmarine gegnerische Konvois und Schiffe aufzuklären. Für diesen Zweck waren sie mit dem Radarsystem FuG 200 Hohentwiel ausgerüstet. Auch an der Versorgung und Evakuierung des Kessels von Stalingrad waren mehrere Condors beteiligt.

Mit der zunehmenden Luftüberlegenheit britischer und US-amerikanischer Flugzeuge geriet die viermotorige Focke-Wulf zunehmend in die Defensive. Auch erwies sich ihre Konstruktion als zu wenig robust für den rauen Militäreinsatz. Nicht wenige Condor brachen bei harten Landungen auseinander.

Als Außenlast konnte die Condor mit bis zu 1800 Kilogramm Bombenlast außerhalb der äußeren Motorgondeln beladen werden. Der Bombenraum an der Rumpfunterseite fasste maximal 1000, die Schächte in den beiden äußeren Motorgondeln nochmals jeweils 1400 Kilogramm verschiedener Sprengkörper.

Aufgrund der gegenüber feindlichen Kampffliegern geringen Geschwindigkeit war die Abwehrbewaffnung entsprechend kampfstark. Sie bestand aus einem MG 151/20 in einem elektrisch schwenkbaren Drehturm über dem Cockpit. Auf dem vorderen und hinteren Ende des Bombenschachts befanden sich jeweils ein weiteres MG 151/20. Hinzu kamen ein MG 15 im hinteren Kampfstand und je ein MG 15 an den Seitenfenstern der Rumpfseiten.

Gleich zwei Condor vom Typ C4/U1 wurden als Führermaschinen für Reisen und Regierungsgeschäfte von Adolf Hitler genutzt. Sie besaßen einen speziellen Sesselfallschirm, mit dem er im Notfall aus dem Flugzeug hätte abspringen können. Eine weitere Fw 200 nutzte Luftwaffenchef Reichsmarschall Hermann Göring.

Neben den drei Versuchsmaschinen entstanden elf zivile Condor-Ausführungen der Typen A und B. Zehn übernahm die Lufthansa, jeweils zwei kauften die dänische DDL-Fluglinie und der brasilianische Cruzeiro do Sul. Von den militärischen Versionen C1 bis C3 entstanden insgesamt 262 Exemplare in den Focke-Wulf-Werken und bei der Weser Flugzeugbau.

Zwei fabrikneue Fw 200 im Hangar der Focke-Wulf-Flugzeugwerke in Bremen.

Technische Daten

Hersteller	Focke-Wulf-Flugzeugbau AG
Typ	Focke-Wulf Fw 200 Condor
Erstflug	27. Juli 1937
Gebaut ab	1938
Stückzahl	276
Motor	4 x BMW-Bramo 323 R-2, luftgekühlter Sternmotor, 9 Zylinder, 26,8 l Hubraum
Leistung (kW/PS)	4 x 735/1000
Höchstgeschwindigkeit (km/h)	308
Reichweite (km)	4490 bis 6400
Dienstgipfelhöhe (m)	7350
Länge (m)	23,46
Höhe (m)	6,30
Spannweite (m)	32,84
Startmasse (kg)	24 520
Leermasse (kg)	17 005
Besatzung	6

Heinkel He 115

He 115 mit Torpedobewaffnung, alternativ konnte die Maschine auch Bomben, Seeminen oder zwei Aufklärungskameras mitführen.

Um die zwischenzeitlich als technisch veraltet geltende Heinkel He 59 zu ersetzen, schrieb das Reichsluftfahrtministerium 1935 die Entwicklung eines Mehrzweckflugzeugs zur Verwendung als Fernaufklärer, Bomber, Torpedobomber und Minenleger aus. Die Ernst Heinkel Flugzeugwerke setzten sich mit ihrem Entwurf eines hochseefähigen zweimotorigen Wasserflugzeugs, der He 115, gegen die Ha 140 von Blohm & Voss durch.

Konzipiert war die Heinkel He 115 als freitragender Mitteldecker in zweiholmiger Schalenbauweise. Die Maschine wurde in Ganzmetallbauweise in den Rostocker Heinkel-Werken gebaut. Sie besaß zwei einstufige und gekielte Ganzmetallschwimmer, war dabei umrüstbar auf Schneekufen. Drei Mann bildeten die Besatzung. Sie saß mittig im Cockpit und vorne im verglasten Rumpfbug. Als Antrieb dienten zwei BMW 132 K-Motoren mit zusammen 1920 PS, die auf dreiblättrige VDM-Verstellpropeller wirkten. 4975 Liter Kraftstoff konnten in vier Tragflächentanks mitgeführt werden.

Da die He 115 in unterschiedlichen Varianten gebaut wurde, war sie auch verschieden armiert. Die stärkste Bewaffnung hatte der Typ C mit je einem beweglichen MG 15 in Bug und Heck, einer nach vorn feuernden starren 15-mm-Kanone MG 151 sowie zwei rückwärts ausgerichteten MG 17 in den Motorverkleidungen. Außerdem konnten drei 250-Kilogramm-Sprengbomben SC 250, zwei Seeminen LMA III oder ein Torpedo vom Typ LTF 5 oder LTF 6 b mitgeführt werden. Es gab Rüstsätze mit zwei Kameras für Aufklärungsflüge oder für das Nebelgerät SV 300.

Die Serienfertigung begann im Dezember 1938 und endete bereits im Juli 1940. Zusammen mit den Prototypen wurden insgesamt 223 Flugzeuge bei Heinkel in Rostock gebaut. Davon lieferte man zehn Maschinen mit veränderter Funkausrüstung und Bewaffnung nach Schweden und sechs weitere nach Norwegen.

Schnell erwies sich die He 115 als nur eingeschränkt tauglich für Kampfeinsätze. Um so mehr bewährte sich die Maschine als Schulflugzeug, vor allem aber als Seeaufklärer in der Nord- und Ostsee sowie an der norwegischen Küste. Einzelne Exemplare waren bis Kriegsende im Einsatz.

Für den Kampfeinsatz erwiesen sich die Schwimmerflugzeuge von Heinkel als ungeeignet.

Bild links:
Letzte Instruktionen vor dem Start, die Bordmechaniker erledigen die finalen Handgriffe.

Technische Daten	
Hersteller	Ernst Heinkel Flugzeugwerke GmbH
Typ	Heinkel He 115
Erstflug	August 1937
Gebaut ab	1939
Stückzahl	223
Motor	2 x BMW 132 K, luftgekühlter Sternmotor, 9 Zylinder, 27,7 l Hubraum
Leistung (kW/PS)	2 x 706/960
Höchstgeschwindigkeit (km/h)	305
Reichweite (km)	2800
Dienstgipfelhöhe (m)	5500
Länge (m)	17,30
Höhe (m)	6,60
Spannweite (m)	22,27
Startmasse (kg)	10 850
Leermasse (kg)	6272
Besatzung	3

Dornier Do 26

Wie die Focke-Wulf Condor war auch die Do 26 ursprünglich für den zivilen Einsatz bei der Lufthansa entwickelt worden.

Dieses elegante, ausgesprochen formschöne Flugboot besaß zivile Wurzeln. 1937 hatte das Reichsluftfahrtministerium die Entwicklung der Do 26 auf Wunsch der Deutschen Lufthansa bei Dornier in Auftrag gegeben. Die Maschine war vorgesehen für einen Postfracht-Transatlantikdienst zwischen Lissabon und New York.

Zunächst drei Flugboote entstanden am Bodensee. Ganz nach Dornier-Art war die hochseefähige Do 26 als freitragender Schulterdecker in Ganzmetallbauweise gefertigt, verfügte über Stützschwimmer in der Mitte der Tragflächen, die hydraulisch in die Flügel eingeklappt werden konnten. Der Rumpf war gekielt, besaß zwei Stufen und sieben wasserdicht verschließbare Schotten. Vier jeweils 600 PS starke Jumo 205 C-Dieselmotoren waren als Tandem-Paare nah am Rumpf und oberhalb der Tragflächen angeordnet. Die beiden hinteren Aggregate trieben die Druckpropeller über Fernwellen an.

Nach dem Erstflug am 21. Mai 1938 und einer ausgiebigen Erprobungsphase absolvierte die erste Maschine namens „Seeadler" im Februar 1939 einen Hilfsflug mit Medikamenten für Erdbebenopfer nach Chile, legte dabei innerhalb von 36 Stunden Flugzeit 10 700 Kilometer zurück. Zusammen mit ihrer Schwestermaschine „Seefalke" bediente sie anschließende den Postverkehr auf der Südatlantikstrecke von Bathurst nach Natal. Das dritte Flugboot „Seemöwe" kam nicht mehr in den Dienst der Deutschen Lufthansa. Mit dem Beginn des Zweiten Weltkriegs beschlagnahmte die Luftwaffe alle drei Do 26 und führte sie der sogenannten Transozean-Staffel zu. Sie gingen während der Besetzung Norwegens durch Feindeinwirkung verloren.

Drei weitere Do 26 wurden für die Luftwaffe gebaut und 1940 ausgeliefert. Als Antrieb besaßen sie nun die modifizierten Jumo 205 D-Motoren mit jeweils 880 PS, ihre Abwehrbewaffnung bestand aus einer 20-mm-Maschinenkanone MG 151/20 im Bug-Drehturm sowie drei MG 15 im Kaliber 7,92 mm in den Seitenständen und im Heckbereich des Rumpfs.

Gut zu erkennen sind die verglasten MG-Stände auf der Rumpfoberseite und dem Bug.

Bild links: Transporteinsatz: In Norwegen werden Soldaten der Gebirgsjägertruppe angelandet.

Auch diese drei Maschinen stießen zur Transozean-Staffel, waren kurze Zeit in Norwegen und anschließend an der französischen Kanalküste als Transporter, vor allem aber als Fernaufklärer eingesetzt. Nachdem eine der drei Maschinen bei einem Unfall während eines Katapultstarts verloren ging, kamen die verbleibenden Do 26 zur Erprobungsstelle See in Travemünde. Über ihren Verbleib ist nichts bekannt.

Technische Daten

Hersteller	Dornier-Werke GmbH
Typ	Dornier Do 26
Erstflug	21. Mai 1938
Gebaut ab	1938
Stückzahl	6
Motor	4 x Jumo 205 D, flüssigkeitsgekühlter Diesel-Gegenkolbenmotor, 16,6 l Hubraum
Leistung (kW/PS)	647/880
Höchstgeschwindigkeit (km/h)	345
Reichweite (km)	7000
Dienstgipfelhöhe (m)	6500
Länge (m)	24,60
Höhe (m)	6,85
Spannweite (m)	30
Startmasse (kg)	20 000
Leermasse (kg)	13 050
Besatzung	7

Blohm & Voss Bv 222

Allein schon durch ihre Dimensionen und die sechs Jumo-Motoren wusste die Blohm & Voss Bv 222 zu beeindrucken.

Den Entwicklungsauftrag für dieses gigantische Flugboot erteilte die Lufthansa im Herbst 1937. Genutzt werden sollte die sechsmotorige Bv 222 als Passagier- und Frachtmaschine im Transatlantikverkehr. Die Konstruktionsphase war noch nicht abgeschlossen, als der Zweite Weltkrieg begann. Trotzdem liefen die Arbeiten in der Abteilung Flugzeugbau bei der Werft Blohm & Voss in Hamburg weiter. Am 7. September 1940 fand der Erstflug statt und die Langstreckenerprobung schloss sich an. Geplant war der Bau von 86 Maschinen, tatsächlich realisiert wurden zwölf Flugboote, ein weiteres war bei Kriegsende kurz vor der Fertigstellung.

Aufgrund dieser niedrigen Produktionszahlen variierten die einzelnen Flugboote hinsichtlich ihrer Ausrüstung zum Teil stark voneinander. Bei den ersten Exemplaren wurden jeweils sechs BMW-Bramo-Sternmotoren 323 und 323 R mit 1000 und 1200 PS verbaut, die letzten Exemplare erhielten 1000 PS starke Jumo 207 C Gegenkolbenmotoren. Diese waren als Höhenmotor konzipiert und besaßen einen Abgasturbolader. Bis zu 17 280 Liter Dieselkraftstoff fassten die Tanks. Durch Kriechgänge innerhalb der Tragflächen gelangten die Mechaniker während des Flugs zu den Triebwerken. Zur Unterstützung des Startvorganges konnten zusätzlich Raketen eingesetzt werden.

Produziert wurde der Hochdecker in Ganzmetall-Bauweise mit einem zentralen Bootskörper, dessen Unterwasserschiff durch Schotten in zwölf Räume wasserdicht unterteilt war. Das Unterdeck wurde als Laderaum genutzt. Zur Ausrüstung gehörte das Bordaggregat DKW BL 500 zur Stromerzeugung. Die beiden geteilten Stützschwimmer waren an den Tragflächen montiert und ließen sich elektrisch über Seilzüge in die Tragflächenunterseite einfahren.

Neben ihrer Verwendung als Transportmaschinen übernahmen die Bv 222 vor allem Aufgaben als Fernaufklärer über See, wobei Flüge von bis zu 33 Stunden möglich waren. Dabei besaßen sie eine wirkungsvolle Abwehrbewaffnung, die aus zwei MG 151 in Drehtürmen vom Typ DL 151 auf den Rumpfoberseiten, vier MG 131 in den Seitenständen und zwei MG 151 in den Drehtürmen auf den Tragflächen bestand. Zur Ausrüstung gehörte außerdem die seinerzeit modernste Funk- und Ortungstechnik: das Schiffssuchgerät FuG 200 Hohentwiel, ein Rückwärts-Warngerät FuG 216 Neptun, FuG 16 Z für den Leitstrahl-Zielanflug, FuG 25 A als Freund-Feind-Erkennungsgerät, eine Langwellen-Funkstation VP 245, der Feinhöhenmesser FuG 101 A, ein Peilgerät Peil G 6 und ein Funklandegerät FuBl 1.

Im Einsatz waren die Blohm & Voss Bv 222 bis 1943 vor allem im Mittelmeerraum, versorgte hier unter anderem das Deutsche Afrikakorps. Anschließend flogen sie von der französischen Westküste aus als Fernaufklärer zur Unterstützung deutscher U-Boote über dem Atlantik. Hinzu kamen Versorgungsflüge an der Schwarzmeer-Front und im Norden Norwegens.

Neben militärischen Versorgungsgütern transportierte das Flugboot auch Soldaten und Personal der Wehrmacht.

Technische Daten

Hersteller	Blohm & Voss, Abt. Flugzeugbau
Typ	Blohm & Voss Bv 222
Erstflug	7. September 1940
Gebaut ab	1940
Stückzahl	13
Motor	6 x Jumo 207 C, flüssigkeitsgekühlter Diesel-Gegenkolbenmotor, 16,6 l Hubraum
Leistung (kW/PS)	6 x 735/1000
Höchstgeschwindigkeit (km/h)	390
Reichweite (km)	6100
Dienstgipfelhöhe (m)	7300
Länge (m)	37
Höhe (m)	10,90
Spannweite (m)	46
Startmasse (kg)	49 000
Leermasse (kg)	30 650
Besatzung	13

Focke-Achgelis Fa 223 Drache

Die Focke-Achgelis Fa 223 war als unbewaffneter Rettungs- und Transporthubschrauber konzipiert.

In den 30er-Jahren rückte mit dem Hubschrauber eine neue Art des Fliegens in den Fokus. Maßgeblich vorangetrieben wurde dessen Entwicklung seit 1931 von Professor Henrich Focke, Mitbegründer und Vorstandsmitglied der Focke-Wulf AG. Mit der Fw 61 brachte er 1936 den ersten praxistauglichen Hubschrauber in die Luft. Zwei Jahre später beauftragte ihn das Reichsluftfahrtministerium mit der Konstruktion eines Lastenhubschraubers. Mindestens 700 Kilogramm sollte die Nutzlast betragen. Im Sommer 1940 flog der Drache, so die Zusatzbezeichnung der Focke-Achgelis Fa 223, erstmals. Ursprünglich für den Seebäderdienst der Lufthansa geplant, genoss nun die militärische Nutzung Priorität.

Von Beginn an wurden der Fa 223 gute Flugeigenschaften und vor allem volle statische und dynamische Stabilität attestiert. In der Mitte des Rumpfs hinter dem verglasten und im unteren Bereich mit Blech verkleideten Cockpit war der Motor platziert, ein 1000 PS starker BMW-Bramo 323 D. Die Kraftübertragung auf die beiden seitlich angeordneten, gegensinnig drehenden Dreiblatt-Rotoren erfolgte mittels Fernwellen. Zwischen der Kabine und dem Triebwerk befand sich der Lastenraum mit einer elektrischen Winde, mit der im Flug Lasten oder Personen an Bord gewinscht werden konnten. Beim Rumpf selbst handelte es sich um einen geschweißten Stahlrohrrahmen, dessen hinteres Segment mit Stoff bespannt war.

Nachdem die Luftwaffe 100 Einheiten der Focke-Achgelis Fa 223 zur Verwendung als Rettungs- und Transporthubschrauber in Auftrag gegeben hatte, hätte die Serienproduktion im Frühjahr 1942 anlaufen sollen. Ein Luftangriff, bei dem das Werk im niedersächsischen Hoykenkamp zerstört wurde, verhinderte dies. Professor Henrich Focke und ein Teil seiner Belegschaft machten unter sehr improvisierten Bedingungen

Die verglaste Kabine in der Nase ermöglichte optimale Sichtverhältnisse für den Piloten.

im oberschwäbischen Laupheim weiter. Die Fertigung von 20 Drachen erfolgte, kriegsbedingt unter starken Einschränkungen, 1944 bei der Weser-Flugzeugbau.

Den weltweit ersten erfolgreichen Rettungseinsatz eines Hubschraubers meisterte am 6. März 1945 eine Fa 223 für einen im Schneesturm notgelandeten Jagdflieger, der nach knapp zehnminütiger Suche lokalisiert und geborgen wurde. Zwei Drachen fielen nach dem Kriegsende in die Hände der Alliierten, von denen einer für ausgiebige Tests in die USA gebracht wurde. Die zweite Maschine schaffte in Etappen und ohne technische Ausfälle einen 2500 Kilometer langen Flug von Österreich bis an die französische Westküste. Von hier aus absolvierte diese Fa 223 den ersten Nonstop-Hubschrauberflug über den Ärmelkanal nach England.

Der Drache nach seiner Nonstop-Überquerung des Ärmelkanals in England, markiert mit britischen Hoheitsabzeichen.

Bild oben links: Die Kraft des zentral positionierten Motors wurde durch Fernwellen auf die beiden Rotoren übertragen.

Technische Daten

Hersteller	Focke, Achgelis & Co GmbH
Typ	Focke-Achgelis Fa 223 Drache
Erstflug	Sommer 1940
Gebaut ab	1942
Stückzahl	20
Motor	1 x BMW-Bramo 323 D, luftgekühlter Sternmotor, 9 Zylinder, 26,8 l Hubraum
Leistung (kW/PS)	735/1000
Höchstgeschwindigkeit (km/h)	182
Reichweite (km)	300
Dienstgipfelhöhe (m)	2010
Länge (m)	12,25
Höhe (m)	4,35
Rotordurchmesser (m)	2 x 12
Startmasse (kg)	4434
Leermasse (kg)	3180
Besatzung	2

Flettner Fl 282 Kolibri

Die Flugversuche mit dem Flettner Fl 282 Kolibri attestierten ihm volle Praxistauglichkeit.

Mit Unterstützung der Kriegsmarine entwarf der Ingenieur Anton Flettner 1938 den Hubschrauber Fl 265 mit zwei gegenläufig ineinander kämmenden Rotoren. Erfolgreich wurden Starts und Landungen an Bord des Leichten Kreuzers „Köln" durchgeführt. Die Marineführung war überzeugt und gab einen Bordhubschrauber zum Einsatz auf Großkampfschiffen und U-Booten in Auftrag.

Mit dem Kolibri, der Flettner Fl 282, absolvierte am 30. Oktober 1941 eine deutlich leistungsfähigere Weiterentwicklung ihren Erstflug. Konstruktionsprinzip war wiederum der Doppelrotor, durch den ein Drehmomentausgleich erfolgte und so auf einen Heckrotor verzichtet werden konnte. Gesteuert wurde durch Veränderung ihrer Anstellwinkel, manuell konnte zwischen Hub- und Tragschrauberbetrieb umgestellt werden. Das Triebwerk, bestehend aus einem Bramo-Siebenzylinder mit 160 PS, dem Getriebe und dem Rotorkopf, war mittig im Rumpf platziert. Davor saß der Pilot in einer rundum verglasten Kabine mit zwei abwerfbaren Türen. Der Rumpf des Kolibris bestand aus geschweißten Stahlrohren, die mit Sperrholz und im Bereich des Motors mit Elektronblech beplankt waren.

Übrigens hatte die Kriegsmarine bereits 1939, als die Maschine noch auf dem Papier konstruiert wurde, schon 20 Einheiten bestellt. Ende 1942 wurde mit überzeugenden Ergebnissen das Aufspüren von U-Booten im Mittelmeer erprobt. Für diesen Zweck waren ein Magazin für zwei Fünf-Kilogramm-Bomben sowie ein weiteres für Rauchbojen vorgesehen. Auch Tests zur Eignung als Bordflugzeug und zur Minensuche verliefen erfolgreich. Die Kriegsmarine meldete Bedarf für 50 schiffgestützte Kolibris und 40 Einheiten zur U-Boot-Bekämpfung an. Später wurde diese Forderung um 20 weitere Hubschrauber aufgestockt. Das Heer stellte 1943 sogar einen Großauftrag über 1000 Flettner Fl 282 in Aussicht.

Die Realität war indes eine andere: Nur 23 Einheiten produzierte das Flettner-Werk in Berlin-Johannisthal. Die vorhandenen Fertigungs-

Bild rechts: Am Anfang der Entwicklung stand der Flettner Fl 265, der die Marineführung überzeugen konnte.

kapazitäten konnten größere Stückzahlen nicht bewältigen, woraufhin der Bau in die Fabrik von BMW in Eisenach verlegt werden sollte. Noch 1943 wurde der Auftrag des Heeres zurückgezogen, im Februar 1944 beendete das Reichsluftfahrtministerium die Hubschrauberfertigung zugunsten einer Erhöhung der Kapazitäten bei den Jagdflugzeugen.

Museumstipp: Zwei Fl 282 wurden nach dem Kriegsende in die Vereinigten Staaten zur Erprobung gebracht. Ein dritter Kolibri gelangte nach England und wurde nach ausgiebiger Begutachtung durch die Royal Air Force dem Midland Air Museum in Coventry übergeben. Hier wird es in unvollständigem Zustand ausgestellt. Wegen des fehlenden Rumpfs kann jedoch ein interessanter Blick durch den offenen Gitterrohrrahmen auf die Konstruktion geworfen werden.

Kontakt und Info:
www.midlandairmuseum.co.uk

Technische Daten

Hersteller	Flettner Flugzeugbau GmbH
Typ	Flettner Fl 282 Kolibri
Erstflug	31. Oktober 1941
Gebaut ab	1942
Stückzahl	23
Motor	1 x BMW-Bramo 314 E, luftgekühlter Sternmotor, 7 Zylinder, 7,84 l Hubraum
Leistung (kW/PS)	118/160
Höchstgeschwindigkeit (km/h)	80
Reichweite (km)	168
Dienstgipfelhöhe (m)	1500
Länge (m)	6,15
Höhe (m)	2,40
Rotordurchmesser (m)	12
Startmasse (kg)	715
Leermasse (kg)	975
Besatzung	1

Focke-Achgelis Fa 330 Bachstelze

Erprobung der Bachstelze an Land von einer offenen Plattform aus.

Dieser Tragschrauber ist eine Kuriosität, aus der Not heraus geboren und charmant in seiner Funktionalität – Henrich Fockes Bachstelze. Die Focke-Achgelis Fa 330 besitzt keinen Motor, steigt allein durch die ihm entgegenströmenden Luftmassen und die dadurch entstehende Drehbewegung des Rotors auf.

Was auf den ersten Blick seltsam anmutet, besitzt durchaus Sinn und Verstand. Auf den U-Booten der Kriegsmarine stellte sich – in einer Zeit, als es noch keine wirkungsvollen Radar-Geräte gab – das Problem, dass aufgrund der niedrigen Bauweise die Sichtweite für den Ausguck auf dem Turm sehr begrenzt war. Ein großer strategischer Nachteil, sah man Freund und Feind erst auf geringe Distanz.

Darum erhielt Professor Henrich Focke 1942 den Auftrag, einen kompakten und zerlegbaren Hubschrauber zu entwickeln, der den U-Boot-Fahrern zu einem größeren Gesichtsfeld verhelfen sollte. Das Ergebnis war die Focke-Achgelis Fa 330. Innerhalb von sieben Minuten ließ sich die

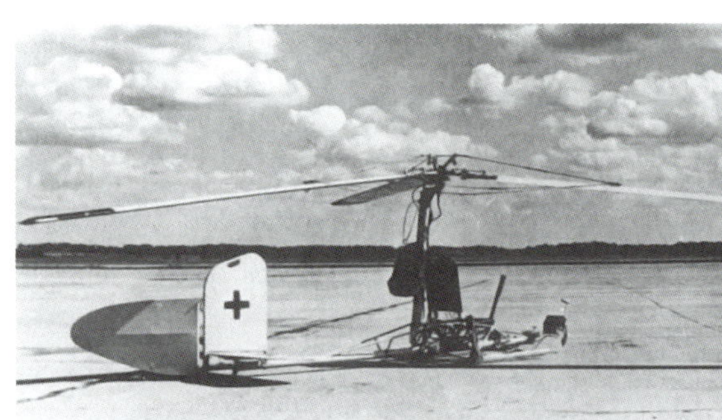

Die Bachstelze kam ohne Motor aus, flog allein durch den durch das U-Boot erzeugten Fahrtwind.

offene Stahlkonstruktion mit einem Leitwerk am Heck flugbereit montieren. Sie startete auf Kufen von einem Starttisch hinten auf dem Turm des U-Boots und wurde an einem 300 Meter langen Schlepptau gezogen. Durch den Fahrtwind drehte sich der Rotor und die Bachstelze gewann an Höhe. 30 Stundenkilometer Luftstrom reichten dafür aus. Dabei konnte der Pilot auf bis zu 120 Meter aufsteigen. Bei guten Wetterbedingungen stieg die Sichtweite von 8 Kilometern bis auf über 50 Kilometer. Einmal in der Luft, manövrierte der Pilot den Tragschrauber mit den beiden Seitenruderpedalen und durch das Neigen des Rotorkopfs mit dem Steuerknüppel.

Bei einem Notfall, beispielsweise einem Fliegerangriff, konnte der Pilot den Rotor mit einem Handgriff abtrennen und anschließend zusammen mit seinem Fluggerät am Fallschirm hängend im Wasser landen. Verstaut war der Tragschrauber in zwei wasserdichten und druckfesten Behältern, die senkrecht stehend am U-Boot-Turm befestigt waren.

Die ersten Freiflugversuche mit der Fa 330 fanden im Juni 1942 an Bord des Flugsicherungsboots „Greif" in der Ostsee statt. Es folgten die Einsatzerprobung auf dem Hilfskreuzer „Komet" und die Abnahmeflüge in einem Windkanal in Paris. Die Produktion der Bachstelze lief 1943 im stark durch Fliegerbomben zerstörten Focke-Achgelis-Werk in Hoykenkamp nahe Bremen an und endete im Juli 1944. Bei den U-Booten, die mit Fa 330-Tragschraubern ausgerüstet wurden, handelte es sich um Fernboote vom Typ IX D2, die bis in den Indischen Ozean hinein operierten. Nicht wenige Kommandanten waren misstrauisch gegenüber der Bachstelze und setzten sie eher selten ein. Wenn sie in der Luft war, blieb das U-Boot in seiner Manövrierfähigkeit stark eingeschränkt und ein schnelles Alarmtauchen war unmöglich.

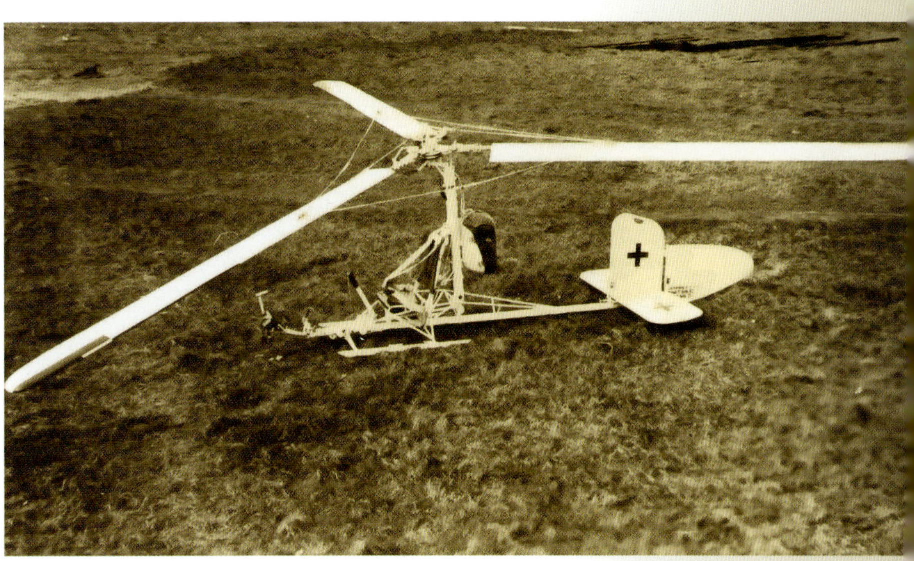

Die simple Konstruktion ließ sich schnell und kostengünstig produzieren.

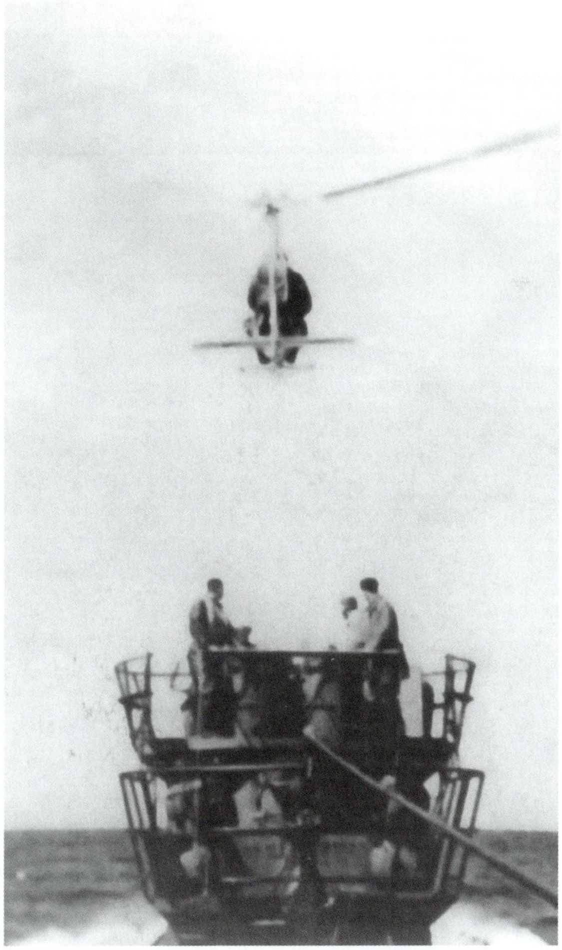

Während eines Bachstelzen-Einsatz war das U-Boot nur eingeschränkt tauchfähig.

Um die Nachteile der Bachstelze, ihre Abhängigkeit von der Windgeschwindigkeit, zu minimieren, entwickelte Focke-Achgelis mit der Fa 336 eine motorisierte Version. Als Antrieb sollte ein 60 PS starker Walter-Mikron-Motor dienen. Mit 6,40 Metern Länge und einem Gewicht von rund 400 Kilogramm wäre das Fluggerät deutlich größer dimensioniert gewesen, hätte zudem einen Heckrotor besessen. Drei Prototypen waren beauftragt, wurden allerdings im Frühjahr 1944 wieder storniert.

Etwa 200 Einheiten des Tragschraubers entstanden bei Focke-Achgelis.

Bild links:
Der Arbeitsplatz des Piloten kann als minimalistisch bezeichnet werden.

Bild rechts:
Die Bachstelze im Schlepp eines U-Bootes.

Mit wenigen Handgriffen ließ sich die Fa 330 zerlegen und verstauen.

Museumstipp: Nach der deutschen Kapitulation im Mai 1945 fiel eine größere Anzahl von Bachstelzen in die Hände der Sieger, von denen die kleinen Tragschrauber mit großem Interesse geprüft wurden. Viele davon landeten anschließend in Museen, weltweit sollen 13 Exemplare der Fa 330 ausgestellt sein. Eines davon ist im Hubschrauber Museum im niedersächsischen Bückeburg zu sehen. Frei unter der Decke hängend, hat der Besucher rundum besten Einblick in die technischen Details.

Kontakt und Info:
www.hubschraubermuseum.de

Technische Daten

Hersteller	Focke-Achgelis & Co GmbH
Typ	Focke-Achgelis Fa 330 Bachstelze
Erstflug	Juni 1942
Gebaut ab	1943
Stückzahl	ca. 200
Länge (m)	4,47
Höhe (m)	1,67
Rotordurchmesser (m)	7,31
Startmasse (kg)	172
Leermasse (kg)	72
Besatzung	1

Die Marineflieger der DDR-Volksmarine

Am 1. März 1956 ging die Volkspolizei See in der neugegründeten Nationalen Volksarmee der DDR auf. Nominell entstand daraus 1960 die Volksmarine. Bereits im Vorjahr stießen die ersten Hubschrauber zu den Seestreitkräften, aus der am 15. September 1962 offiziell die Marineflieger der Volksmarine hervorgingen. Ab 1985 erfolgte die Aufstellung eines Marinefliegergeschwaders mit Jagdbombern, das allerdings den Luftstreitkräften der NVA unterstand.

Mil Mi-4A und M

Sechs Hubschrauber vom Typ Mi-4A bildeten 1960 die fliegende Erstausstattung der Volksmarine.

Joseph Stalin persönlich erteilte im September 1951 den Entwicklungsauftrag für diesen Angriffstransporter für die sowjetischen Bodenstreitkräfte, der zur fliegenden Erstausstattung der DDR-Volksmarine werden sollte. Innerhalb von lediglich acht Monaten schaffte es die 1948 gegründete Moskauer Hubschrauberfabrik M. L. Mil, den Mi-4 vom Erstentwurf auf dem Papier in die Luft zu bringen. Im Mai 1952 fand der Erstflug statt, im Folgejahr begann die erst 1969 auslaufende Serienfertigung. In dieser Zeit entstanden rund 3500 Mi-4 in gut zwei Dutzend unterschiedlichen Varianten. Hinzu kamen 545 Einheiten, die als Lizenzversion in China produziert wurden.

Hinsichtlich der Konstruktion orientierten sich die russischen Ingenieure an der westlichen Sikorsky S-55, ohne dabei – wie häufig behauptet – ihn zu kopieren. Zwar war bei der Mi-4 der sperrige Sternmotor ebenfalls in einer feuerfesten Zelle im Vorderrumpf platziert, doch war das Aggregat des sowjetischen Helikopters mehr als doppelt so stark wie bei dem US-amerikanischen Transporthubschrauber. Hierbei handelte sich um den Schwezow ASch-82W, einen Doppelsternmotor mit vierzehn Zylindern und 1694 PS.

Im März 1960 wurden die ersten beiden Mi-4 der Version A an die im Aufbau befindlichen Marineflieger der Volksmarine ausgeliefert. Vier weitere folgten, wobei eine davon 1964 bei einem Absturz verloren ging.

Eingesetzt wurden die Hubschrauber für Transport- und Aufklärungsaufgaben sowie für die Seenotrettung. Der Helikopter bot Platz für bis zu sechzehn Soldaten oder acht Tragbahren zur Aufnahme von verwundeten Soldaten. Mittels einer Elektrowinde und einem 40 Meter langen Seil konnten Lasten bis zu 150 Kilogramm

Winsch-Manöver über Deck mit einer Mi-4A.

Betankung einer Mi-4M, gut erkennbar an dem Radom unterhalb der Bugnase.

Absetzen von Marineinfanterie an der Küste.

an Bord gewinscht werden. Am Boden ermöglichten die großen Heckladetore mit auslegbaren Auffahrtsrampen ein zügiges Be- und Entladen. Bis 1977 blieben die Maschinen im Dienst. Sie besaßen zur Verteidigung ein 12,7 mm-Maschinengewehr Afanasjew A-12,7, das in der Bodenwanne installiert war und vom Bordmechaniker bedient wurde. Weitere MGs konnten in den Fenstern und nach vorn gerichtet in der Bugkanzel bestückt werden. Die Mi-4A trug im Westen die NATO-Kennung Hound A , die Mi-4M wurde als Hound C bezeichnet..

Bei der Hound B handelte es sich um die Mi-4M, eine Version spezialisiert auf die Bekämpfung feindlicher U-Boote. Sie konnte mit einem Torpedo oder mehreren Wasserbomben bewaffnet werden. Gut zu erkennen ist die Mi-4M an dem Radom unterhalb der Kanzel zur Ortung gegnerischer Schiffe sowie an der verkürzten und verglasten Bodenwanne für den MG-Schützen. Zur Spezialausrüstung gehörten außerdem ein absenkbares Magnetortungsgerät, Suchscheinwerfer, eine Schlepp-Magnetfeld-Störsonde und eine Luke zum Ausbringen eines Schlauchboots. Die Mi-4M konnte für Wasserlandungen mit Schwimmern ausgestattet werden. Vier dieser U-Jagd-Hubschrauber beschaffte die Volksmarine 1965 und stellte sie 1977 außer Dienst.

Museumstipp: Neben den zehn Mi-4 der Volksmarine verfügte die Nationale Volksarmee über 38 weitere Maschinen dieses Typs. Verwendet wurden sie für den Transport von Luftlandeeinheiten, zum Absetzen von Fallschirmjägern, Verbindungs- und Kurieraufgaben sowie Aufklärungs- und Rettungsflügen auch im zivilen Bereich. Die letzte Mi-4 wurde 1980 deaktiviert. Im Außengelände des Luftwaffenmuseums in Berlin-Gatow ist eine Mi-4A des Hubschraubergeschwaders 4 in Brandenburg-Briest ausgestellt, die von 1963 bis 1979 zum Einsatz kam.

Kontakt und Info:
www.luftwaffenmuseum.com

Technische Daten

Hersteller	Moskauer Hubschrauberfabrik M. L. Mil
Typ	Mi-4
Erstflug	Mai 1952
Gebaut ab	1953
Stückzahl	ca. 3500
Motor	Schwezow ASch-82W, luftgekühlter Doppelsternmotor, 14 Zylinder, 41,2 l Hubraum
Leistung (kW/PS)	1250/1694
Höchstgeschwindigkeit (km/h)	175
Reichweite (km)	500
Dienstgipfelhöhe (m)	5500
Länge (m)	16,79
Höhe (m)	4,40
Rotordurchmesser (m)	21
Startmasse (kg)	7550
Leermasse (kg)	4900
Besatzung	3

Mil Mi-8T, TB und S

Mi-8TB: Gut zu erkennen an der Seite ist das Traggestell für die Raketenbewaffnung.

Seit 1964 wird der als unverwüstlich geltende Hubschrauber Mi-8 – vom Mil-Konstruktionsbüro in Kiew als Ersatz für die Mi-4 entwickelt – in den Staatlichen Flugzeugwerken Nr. 387 in Kasan und Nr. 99 in Ulan-Ude in Serie gebaut und bis heute weiterentwickelt. Über 120 Versionen gibt es mittlerweile und weit über 12 000 Exemplare des zweimotorigen Hubschraubers wurden produziert. Die jüngste Variante, den für den zivilen Einsatz in Polarregionen entworfenen Mi-8AMT Arctic, präsentierte die staatliche Hubschrauber-Holding Russian Helicopters 2020.

Konzipiert wurde der Mi-8 als waffenfähiger Mehrzwecktransporthubschrauber. Sein Rumpf war in Ganzmetall-Halbschalenbauweise ausgeführt. Er besaß als einer von wenigen Helikoptern zwei Heckladetüren, konnte auf diese Weise mit Gabelstaplern beladen werden oder komplette Fahrzeuge aufnehmen. Außerdem hatte er eine Aufhängung für Außenlasten und konnte knapp drei Tonnen tragen. Zwei Dutzend Personen fanden im Laderaum Platz. Eine über der Eingangstür platzierte Elektrowinsch mit einer Tragfähigkeit von bis zu 250 Kilogramm diente der Bergung von Verletzten oder Material.

Als Antrieb kamen verschiedene Versionen des Isotow TW2-117- oder TW3-117-Triebwerkes zum Einsatz, die zwischen 1500 und 2200 PS Startleistung bereitstellten. Der fünfblättrige rechtslaufende Hauptrotor konnte thermisch enteist werden und war unmittelbar über den beiden parallel nebeneinander liegenden Antriebsturbinen platziert.

Die beiden Piloten hatten im Cockpit drei Instrumentenpaneele und eine doppelte mechanische Flugsteuerung vor sich. Zur elektronischen Ausrüstung gehörten die Funkstationen Landysch-20, R-860 sowie das Notrufsystem R-852, der Funkhöhenmesser RW-3, das Warngerät SPO-10, die Funknavigationsanlage ARK-9, der Funkkompass ARK-U2, ein Doppelradar DIW-1 und das Kennungsgerät SRO-2. Im Rumpf waren austauschbar Sitze für 24 Soldaten oder 12 Bahren installiert. Das dreibeinige und hydropneumatisch gefederte Fahrwerk war nicht einziehbar, der Heckausleger wurde von einem kleinen federnden Hecksporn vor Bodenberührung geschützt. Grundsätzlich differenzierte man zwischen drei Basisausvarianten der Mi-8: die Transportversion Mi-8T, die bewaffnete Transportversion Mi-8TW und die Ausführung mit Sonderausstattung, bezeichnet als Mi-8S.

Im August 1974 übernahm die Volksmarine vier Mi-8T für Transportzwecke sowie die militärische und zivile Rettung aus Seenot. Weitere Aufgaben waren das Absetzen von Kampfschwimmern oder Luftlandetruppen, die Luftaufklärung über See, das Bekämpfen von Überwasserzielen, Aufgabenstellungen im Sanitätsdienst sowie die Zieldarstellung für Jagdflieger, funkmesstechnische Truppen und die Schiffsartillerie. Die Bewaffnung der Mi-8T, im NATO-Code als Hip bezeichnet, bestand aus vier Behältern UB 16 mit je 16 ungelenkten Luft-Boden-Raketen S-5 KO im Kaliber von 57 Millimetern.

Eine ähnliche Aufgabenstellung, allerdings mit deutlichem Schwerpunkt auf der Bekämpfung von Überwasserzielen und Küstenobjekten, hatte der Mi-8TB. Dazu verfügte der ab Februar 1977 mit insgesamt zwölf Maschinen bei den DDR-Marinefliegern eingeführte Hubschrauber über eine schwerere Bewaffnung. Anstatt der sechs Raketenbehälter, wie beim Mi-8T, bildeten ein 12,7 Millimeter-MG in der Bugkanzel und sechs drahtgelenkte Panzerabwehrraketen 9M14M, ausgelöst vom Kommandanten und gesteuert vom Copiloten, die Waffenausstattung. Hinzu kamen verschiedene Kombinationsmöglichkeiten mit Bomben, Brandbehältern und ungelenkten Luft-Boden Raketen vom Typ S-5K 57.

Im Formationsflug im küstennahen Bereich.

Bei einer Kollision von zwei Mi-8TB in einer dichten Wolkendecke nahe des Fliegerhorsts Parow gingen 1980 zwei Maschinen verloren, alle sechs Besatzungsmitglieder kamen ums Leben. Die verbleibenden zehn Hubschrauber wurden 1990 von der Bundeswehr übernommen und bis 1994 schrittweise ausgemustert.

Eine besondere Maschine dieser Baureihe war der Salon- und Passagierhubschrauber Mi-8S, der ab 1975 zur Luftflotte der Volksmarine stieß. Von außen ist er an seinen eckigen Fenstern unschwer

Zwei Schwingtore ermöglichten den Zugang zum üppig dimensionierten Frachtraum.

Bild rechts oben:
Beste Sicht bot die vollverglaste Kanzel.

Bild rechts Mitte:
Kompakt und übersichtlich: die Armaturentafel im Cockpit.

Bild rechts unten:
Salonhubschrauber Mi-8S nach der Übernahme durch die Bundeswehr.

Für Rettungseinsätze über See waren die Mi-8T in ständiger Alarmbereitschaft.

zu identifizieren. Ausgestattet war die unbewaffnete Maschine mit sechs bis zehn Sitzplätzen, einem separaten Arbeits- und Konferenzraum, Toilette, Garderobe, Geräusch- und Vibrationsdämpfung sowie einer Heizung. Genutzt wurde der Mi-8 S vom Chef der Volksmarine und der Admiralität für Verbindungsflüge zwischen den Stützpunkten und den Stabsstellen..

Museumstipp: Der auf dem Außengelände des Marinemuseums Dänholm präsentierte Mi-8TB beendete seine fliegerische Laufbahn 1994 mit einer Landung direkt vor seinem Ausstellungsort. Der Helikopter flog ab März 1977 beim Marinehubschraubergeschwader 18 in Parow mit der taktischen Nummer 831. 1990 wurde die Maschine bei der Bundesmarine für SAR-Aufgaben umgerüstet und mit dem taktischen Kennzeichen 94+12 im maritimen Such- und Rettungsdienst eingesetzt.

Kontakt und Info:
www.marinemuseum-daenholm.beepworld.de

Technische Daten

Hersteller	Moskauer Hubschrauberfabrik M. L. Mil
Typ	Mi-8
Erstflug	24. Juni 1961
Gebaut ab	1964
Stückzahl	ca. 12 000
Triebwerk	2 x Isotow TW-2-117A Gasturbinen
Leistung (kW/PS)	2 x 1104/1501
Höchstgeschwindigkeit (km/h)	250
Reichweite (km)	500
Dienstgipfelhöhe (m)	4500
Länge (m)	18,31
Höhe (m)	5,60
Rotordurchmesser (m)	21,29
Startmasse (kg)	12 000
Leermasse (kg)	7160
Besatzung	3

Mil Mi-14PL und BT

Das Fahrwerk der Mi-14 war hydraulisch einziehbar.

Bei der Mi-14, NATO-intern als Haze bezeichnet, handelte es sich um eine Weiterentwicklung der Mi-8 speziell für den Einsatz über See. Sie kam in zwölf Nationen als amphibientauglicher Hubschrauber zur U-Boot- und Minenabwehr zum Einsatz. Für diesen Zweck besaß die Maschine einen internen Waffenschacht für unterschiedliche Anwendungs- und Armierungsvarianten. Es konnten Bomben, Torpedos, Wasser- und Orientierungsbomben sowie hydroakustische Funk-, Horch- und Funkmessmarkierungsbojen an Bord genommen werden.

Neun Mi-14PL führte man ab 1983 bei der 2. Hubschrauberstaffel des MHG-18 ein. Ihre Hauptaufgabe war die U-Boot-Suche durch Sonar, einen nachschleppbaren Magnetanomaliedetektor, Radar oder Sichtkontakt. Dabei agierten in der Regel zwei Maschinen zusammen – eine für die Ortung und Zielerfassung, die andere für den Waffeneinsatz. Eng und regelmäßig geübt wurde auch das gemeinsame Wirken mit den Raketenschnellbooten der Volksmarine. Die Zielerfassungs- und Verfolgungstechnik sowie die rechentechnische Ausrüstung der Mi-14PL waren konvertibel mit

Zehn Mi-14BT beschaffte die Volksmarine zur Bekämpfung feindlicher U-Boote.

denen an Bord der schwimmenden Einheiten. Weitere Aufgaben waren das Aufspüren von Seeminen und der Such- und Rettungsdienst in der Ostsee.

Ab Dezember 1985 erhielt das Hubschraubergeschwader 18 der Volksmarine sechs Maschinen dieser Baureihe in der speziellen Ausführung Mi-14BT zur Minenabwehr. Dazu übernahm die Hubschrauberbesatzung das drei Tonnen schwere Räumgeschirr von einem Minensuch- und Räumschiff durch die geöffnete Heckluke. Anschließend schleppte die Maschine das Geschirr in geringer Höhe und auf einem vorab festgelegten Kurs. Im Heckraum der Mi-15BT überwachte der Operateur den Räumvorgang. Unter dem Cockpit befand sich außerdem ein Radom zur Aufnahme einer Radarantenne, mit der Seeminen unter der Wasseroberfläche geortet werden konnten. Beide Versionen, die Mi-14PL und BT, waren in der

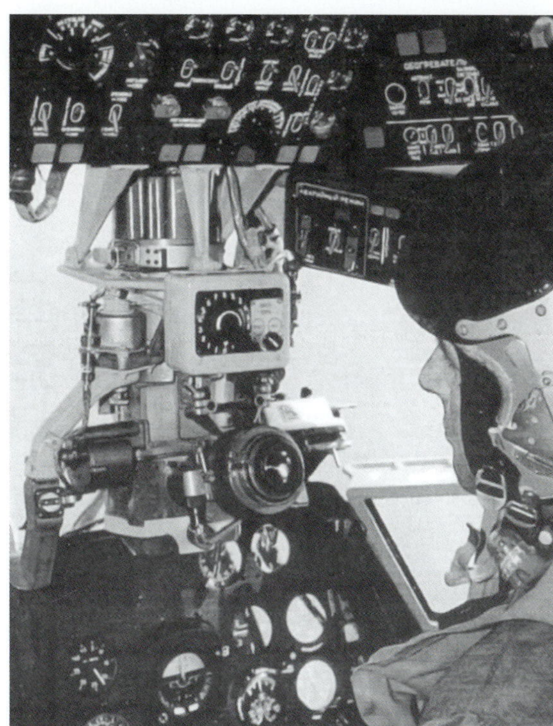

Bild oben rechts: Blick ins Cockpit.

Vizeadmiral Hendrik Born, letzter Chef der Volksmarine, mit der Besatzung eines Mi 14-SAR-Hubschraubers.

Nach minimaler Vorbereitung konnte die Mi-14 auf dem Wasser landen und starten.

Lage, auf dem Wasser starten und landen, wenn sie entsprechend vorbereitet waren. Dazu musste der Rumpf von der Besatzung abgedichtet und die beiden in seitlichen Behältern oberhalb des hinteren Fahrwerks gestauten Stützschwimmer pneumatsch aufgeblasen werden.

Museumstipp: Ein Exemplar der Mil Mi-14PT zeigt die Flugausstellung Peter Junior im rheinland-pfälzischen Hermeskeil, wo mehr als 100 Luftfahrzeuge ausgestellt sind. Dieser im Oktober 1979 in Dienst gestellte Hubschrauber flog einst mit der taktischen Kennung 618 in der Volksmarine, wurde anschließend mit der Kennung 95+02 von der Bundesmarine übernommen und im Mai 1991 ausgemustert.

Kontakt und Info:
www.flugausstellung.de

Technische Daten

Hersteller	Moskauer Hubschrauberfabrik M. L. Mil
Typ	Mi-14
Erstflug	September 1968
Gebaut ab	1977
Stückzahl	230
Triebwerk	2 x Isotow TW-3-117M Gasturbinen
Leistung (kW/PS)	2 x 1636/2224
Höchstgeschwindigkeit (km/h)	230
Reichweite (km)	800
Dienstgipfelhöhe (m)	4000
Länge (m)	18,37
Höhe (m)	6,94
Rotordurchmesser (m)	21,29
Startmasse (kg)	14 000
Leermasse (kg)	8900
Besatzung	4

Suchoi SU-22M4 und 22UM3K

Konzipiert als Jagdbomber, war die Su-22 bei der Volksmarine zur Bekämpfung von Seezielen und als Aufklärer vorgesehen.

Bei der Suchoi Su-22 handelt es sich um einen in der Sowjetunion basierend auf der Su-17 entwickelten einsitzigen Jagdbomber. Sein Erstflug fand im Januar 1975 statt. Von 1976 bis 1990 entstanden 1020 Maschinen in den Suchoi-Werken. Der Jet war vor allem als Exportflugzeug mit einer zum Teil reduzierten Avionik und einer anderen Triebwerksbestückung vorgesehen, fand aber auch Verwendung bei den Luftstreitkräften der Sowjetunion. 26 Staaten beschafften die SU-22. Entsprechend variantenreich waren die Kombinationsmöglichkeiten bei der Bewaffnung.

Die Besonderheit der Su-22 war die veränderbare Flügelpfeilung. Bei ausgefahrenen Tragflügeln konnte die Mindestgeschwindigkeit des Jets soweit herabgesetzt werden, dass auch ein Einsatz von kleinen Flugplätzen aus möglich war. Ihre Domäne war der Tiefflug mit hoher Geschwindigkeit und die Bekämpfung von Bodenzielen, während der direkte Luftkampf mit anderen Flugzeugen vermieden werden sollte. Als Triebwerk war ein Ljulka AL-21F-3-Turbojet verbaut, das mit eingeschaltetem Nachbrenner einen Schub von 110 Kilonewton entwickelte.

Das Marinefliegergeschwader 28 in Laage war ab 1984 mit der für den Hochgeschwindigkeitstiefflug konzipierten Variante Su-224M ausgestattet. Zur leistungsfähigen Feuerleitanlage und Avionik gehörten der Laserentfernungsmesser Klen-54, ein Laserzielmarkierer, der Mehrzweckeinsatzrechner CVM-20-22, das Navigationssystem PrNK-54 mit RSDN, das taktische Flugnavigationssystem A-312 und der Radarwarnempfänger SPO-15LESirena-3. Zwei 30 mm-Bordkanonen bildeten die Basisbewaffnung. Zusätzlich konnten an acht Außenlastträgern verschiedene Lenk- und Raketenwaffen, Bomben oder Täuschkörper mit einem maximalen Gewicht von 4000 Kilogramm mitgeführt werden. Ihre taktische Aufgabe bei der Volksmarine waren der Einsatz als Aufklärungs-, Jagd- und Bombenflugzeug über See.

Zwei Übungsmaschinen vom Typ Suchoi 22UM3K ergänzten beim Marinefliegergeschwader 28 die Jet-Flotte. Sie waren als Zweisitzer ausgeführt, wobei der hinten sitzende Fluglehrer den vorausliegenden Luftraum durch ein Periskop beobachten konnte. Hinsichtlich der Leistung, Bewaffnung und Avionik war der Trainer identisch mit dem Jagdbomber. Sämtliche Gefechtssituationen wurden bei Tag und Nacht sowie bei allen Witterungsbedingungen über See und Land geübt. Durch ihre doppelte Plexiglashaube über den beiden Cockpits ist die 22UM3K gut zu identifizieren.

Fünf Su-22M4 und zwei Su-22UM3K übernahm die Luftwaffe nach der Wiedervereinigung zum Testen und Evaluieren. Ein weiterer Jagdbomber ging an die US Air Force.

Startvorbereitungen an der Trainingsmaschine, dem Doppelsitzer Su-22UM3K.

30 mm-Bordkanone in der Tragfläche.

Bild oben rechts: Enge herrschte im Cockpit der Su-22.

Tiefflug über Land und Wasser war die Domäne der Su-22.

Museumstipp: Auf dem Freigelände des Luftfahrtmuseums Rothenburg in der Oberlausitz – gelegen auf einem ehemaligen Militärflugplatz der Sowjets und der NVA – sind rund zwei Dutzend Flugzeuge sowie Fahrzeuge und Technik aus der zweiten Hälfte des letzten Jahrhunderts ausgestellt. Darunter eine Su-22M4, die einst zum Bestand des Marinefliegergeschwaders 28 gehörte. Sie wurde im April 1985 in Dienst gestellt und absolvierte 576 Flugstunden. Nach der Übernahme durch die Bundeswehr gab es für den Jet, wie für die meisten Su-22 aus NVA-Beständen, keine Verwendung mehr.

Kontakt und Info:
www.luftfahrtmuseum-rothenburg.de

Technische Daten

Hersteller	Suchoi OKB, Moskau
Typ	Suchoi Su-22M4
Erstflug	Januar 1975
Gebaut ab	1976
Stückzahl	1020
Triebwerk	Ljulka AL-21F-3-Turbojet
Leistung ohne Nachbrenner (kN)	76,5
Leistung mit Nachbrenner (kN)	110
Höchstgeschwindigkeit (km/h)	1400
Reichweite (km)	920
Dienstgipfelhöhe (m)	15 200
Länge (m)	17,34
Höhe (m)	5,13
Spannweite (m)	13,68
Startmasse (kg)	19 430
Leermasse (kg)	10 667
Besatzung	1

Die Marineflieger der Bundesmarine und der Deutschen Marine

Nach Gründung der Bundeswehr am 12. November 1955 begann zwei Monate später die Aufstellung der Bundesmarine. Im September 1956 wurde das Kommando der Marineflieger ins Leben gerufen. Fünf Geschwader mit Hubschraubern, Flächenfliegern und Jets entstanden. Nach der Wiedervereinigung 1990 integrierte man Teile der fliegenden DDR-Seestreitkräfte. Seit 1995 lautet die offizielle Bezeichnung der Seestreitkräfte Deutsche Marine.

Bristol B 171 Sycamore Mk 52

Mittels einer Elektrowinsch konnten Personen und Lasten geborgen werden.

Die Marine-Seenotstaffel in Kiel-Holtenau wurde am 4. Januar 1958 in Dienst gestellt. Bereits am 14. Juni 1957 hatte die Ausbildung der ersten Marine-Hubschrauberpiloten unter Federführung der Luftwaffe begonnen. Mitte Juli 1958 konnte schließlich der Betrieb aufgenommen werden, nachdem die ersten vier SAR-Hubschrauber Bristol B 171 Sycamore Mk 52 vom Hersteller im englischen Weston-super-Mare nach Kiel-Holtenau überführt worden waren.

Bereits in den letzten Monaten des Zweiten Weltkriegs wurden die Entwicklungsarbeiten zu diesem ersten in England gebauten Helikopter aufgenommen. Am 27. Juli 1947 flog der erste Sycamore-Prototyp, 1952 begann der Serienbau. Nach den britischen Luft-, Land- und Seestreitkräften waren die deutschen Streitkräfte zweitgrößter Nutzer des Modells. Insgesamt baute die Bristol Aeroplane Company 178 Sycamores, der letzte verließ am 5. Dezember 1958 das Werk.

Der klappbare Hauptrotor wurde von einem Alvis-Leonides LE 23 HM-Sternmotor bewegt, der 550 PS und eine maximale Geschwindigkeit von knapp über 200 Stundenkilometern möglich machte. Er war horizontal mit vertikal verlaufender Kurbelwelle montiert, wodurch das untere Getriebe entfallen konnte. Das sparte Gewicht und erleichterte den Mechanikern den Zugang bei Wartungs- und Reparaturarbeiten. 404 Liter Kraftstoff fassten die beiden Tanks, der durchschnittliche Treibstoffverbrauch bei 160 km/h belief sich auf rund 120 Liter pro Stunde und reichte für etwa zweieinhalb Stunden.

Der leichte Transport-, Verbindungs- und Rettungshubschrauber war klassisch mit einem jeweils dreiblättrigen Haupt- und Heckrotor ausgeführt. Charakteristisch war sein langes, libellenförmig nach unten geneigtes Hecksegment. Die Kabine, das Mittelsegment und den Heckausleger fertigte Bristol in Monocoque-Bauweise komplett aus Metall. Das dreirädrige Fahrwerk war nicht einziehbar. Es besaß einen langen Federweg für möglichst weiche Landungen an Land und auf Schiffen sowie ein selbstzentrierendes Bugrad.

Die Sycamore galt als äußerst zuverlässig, doch aus Gründen der Sicherheit wünschte man sich eine Maschine mit zwei Triebwerken.

Der Pilot saß rechts im Cockpit und bediente eine konventionelle Steuerung. Zwei Handräder in der Mittelkonsole ermöglichten eine manuelle Trimmung je nach Beladungszustand. Die hydraulischen Bremsen ließen sich durch einen Hebel an der Steuerbordseite der Konsole betäti-

Im SAR-Dienst musste die Sycamore allen Wetterbedingungen trotzen.

gen. Neben dem Flugzeugführer saß der Copilot, dahinter befanden sich drei Passagiersitze.

Für den SAR-Einsatz ließ sich eine Rettungswinde mit einer maximalen Traglast von 184 Kilogramm installieren. Diese wurde von einer hydraulischen Pumpe angetrieben, die mit dem Hauptgetriebe verbunden war. Durch die hintere Tür konnten zwei Krankentragen an Bord genommen werden.

Insgesamt 50 Exemplare der Bristol B 171 Sycamore Mk 52 übernahm die Bundeswehr ab dem 31. Mai 1957, wovon vier bei den Marinefliegern im SAR-Dienst flogen. Später gab die Luftwaffe weitere acht Maschinen an die Marine ab. Eine Maschine ging nach einem erfolgreichen Rettungseinsatz am 25. Mai 1961 verloren. Sie wurde beim Landemanöver auf Borkum komplett zerstört, die Besatzung blieb unverletzt.

Als das Nachfolgemodell Sikorsky H-34G ab März 1963 eingeführt wurde, stellte man die Sycamores schrittweise außer Dienst. Die Chronik des MFG 5 dokumentiert: Exakt 8886 Stunden und 30 Minuten waren die „zähen Briten" für die Marineflieger in der Luft.

Ständig in Alarmbereitschaft, waren die Sycamores in Kiel-Holtenau, auf Helgoland, Borkum und Sylt stationiert.

Museumstipp: In perfekt restauriertem Zustand präsentiert sich die Bristol B 171 Sycamore Mk 52 im Hubschraubermuseum Bückeburg. Der ausgestellte leichte Helikopter gehörte zur Luftflotte des Lufttransportgeschwaders 64 der Luftwaffe und war rettungsdienstlich im Einsatz. Aus allernächster Nähe kann ein Blick in die Kabine, auf den Rotorkopf oder die Winsch geworfen werden. Die Maschine ist nahezu baugleich mit den Sycamores der Marineflieger.

Kontakt und Info:
www. hubschraubermuseum.com

Technische Daten

Hersteller	Bristol Aeroplane Company, England
Typ	Bristol B 171 Sycamore Mk 52
Erstflug	27. Juli 1947
Gebaut ab	1947
Stückzahl	178
Stückzahl Bundesmarine	9
Motor	Alvis Leonides LE 23 HM, luftgekühlter Sternmotor, 9 Zylinder, 11,8 l Hubraum
Leistung (kW/PS)	386/525
Höchstgeschwindigkeit (km/h)	212
Reichweite (km)	531
Dienstgipfelhöhe (m)	4780
Länge (m)	14,07
Höhe (m)	4,49
Durchmesser Hauptrotor (m)	14,80
Durchmesser Heckrotor (m)	2,93
Startmasse (kg)	2449
Leermasse (kg)	1850
Besatzung	2 + 3 Passagiere

Hawker Mk 100/Mk 101 Sea Hawk

Mit der Sea Hawk begann das Jet-Zeitalter in der deutschen Marinefliegerei.

Sie war das erste Strahlenflugzeug in der Geschichte der militärischen Seefliegerei in Deutschland: die Hawker Mk 100 Sea Hawk. Den Beschluss zur Beschaffung von 68 Jets mit einem Finanzvolumen von über 50 Millionen D-Mark fasste die Bundesregierung am 6. Juli 1956. Wie bei der Fairey Gannet und der Bristol Sycamore war auch hier die schnelle Verfügbarkeit beim britischen Hersteller das ausschlaggebende Argument.

Bereits ab 1944 befassten sich die Ingenieure bei Hawker Siddeley mit der bahnbrechenden Technologie moderner Strahlenflugzeuge. Nahezu parallel dazu absolvierte das Turbinentriebwerk Rolls-Royce RB.41 Nene erfolgreich seinen Erstlauf. Da eine Serienfertigung absehbar war, konstruierte Hawker das passende Flugzeug dazu. Im Januar 1945 entschied sich die Royal Air Force gegen den Entwurf, doch die Royal Navy zeigte sich interessiert. Hawker überarbeitete die Konstruktion, navalisierte sie und die britische Marine bestellte drei Prototypen.

Es folgte ein umfangreiches Prüfungsprogramm, unter anderem mit Decklandungen, Starts und Handlingtests auf dem Flugzeugträger „Illustrious“. Die Admiralität zeigte sich zufrieden und erteilte den Auftrag zum Bau von 35 Jets der Version Sea Hawk F.1. Am 14. November 1951 wurde die erste Maschine ausgeliefert.

Der einstrahlige Jagdbomber war als freitragender Mitteldecker mit dreiteiliger Tragfläche in Ganzmetallbauweise ausgeführt. Ihre Außenflügel waren nach oben automatisch klappbar, wodurch sich die Breite in der Parkposition von rund zwölf auf vier Meter reduzieren ließ. Die Bremsklappen hatte man als Doppelspreizklappen konstruiert und mit den Landeklappen kombiniert. Die Querruder fuhren elektrohydraulisch. Auch das freitragende Leitwerk war komplett aus Metall hergestellt. Das Fahrwerk ließ sich hydraulisch einziehen.

Beim Strahltriebwerk Nene kam ein Radialverdichter mit zwei Einläufen für eine verbesserte Kompressionsrate und eine erhöhte Schubkraft zum Einsatz. Es hatte neun Brennkammern und eine einstufige Axialturbine. Die deutschen Sea Hawks befeuerte die Version Nene 103 mit einem Schub von 23,1 Kilonewton. 1769 Liter Kraftstoff konnten getankt werden. Durch Montage von vier Zusatztanks stieg dieses Volumen um jeweils 409 Liter.

Die Bewaffnung der Sea Hawk bestand aus vier Maschinenkanonen Hispano Mk 5, die im vorderen Rumpfbereich unterhalb des Cockpits angeordnet waren. Unter den Tragflächen konnten vier 227-Kilogramm-Sprengbomben oder 20 HVAR-Raketen montiert werden. Außerdem testete man den Einsatz von Sidewinder AIM-9 Luft-Luft-Raketen sowie einer 70 Millimeter-Luft-Boden-Rakete.

Für die mögliche Verwendung auf einem Flugzeugträger besaß die Sea Hawk klappbare Tragflächen.

Gut zu erkennen sind die Haltepunkte für die Bomben- oder Raketenbewaffnung an den Unterseiten der Tragflächen.

Mit Zusatztanks und ausgefahrenem Fahrwerk.

Die insgesamt 68 im Werk von Armstrong Whitworth gebauten und an die Bundesmarine gelieferten Sea Hawks trugen die Bezeichnungen Mk 100 und Mk 101. Sie entsprachen weitgehend der Royal Navy-Version FGA.6. Zusätzlich waren sie mit UHF-Funkgeräten ausgerüstet und besaßen ein größeres Seitenleitwerk zur Verbesserung der Stabilität. Die Variante Mk 101 war als Aufklärer für den Schlechtwettereinsatz vorgesehen. Zu ihrer Ausrüstung gehörten ein externer Radaraufklärungspod Ekco 38B unter der rechten Tragfläche sowie eine Schrägsichtkamera F 24 im unteren Heckbereich.

Die erste Sea Hawk-Staffel wurde am 19. Mai 1958 im schottischen Lossiemouth in Dienst gestellt, da ihr Fliegerhorst in Jagel noch nicht fertiggestellt war. Damit war die 1. Marinefliegergruppe einsatzbereit und wurde als erster fliegender Verband der Bundesmarine am 2. August 1958 in die NATO eingegliedert. Die zweite Staffel mit Sea Hawk-Jets stellten die jungen deutschen Seestreitkräfte am 1. September 1958 ebenfalls in Jagel auf. Im Sommer 1959 entstanden im Zuge einer Umstrukturierungsmaßnahme die Marinefliegergeschwader 1 und 2.

Die Pilotenausbildung erfolgte bei der US Navy, das technische Personal wurde in England in den Flugzeugfabriken des Herstellers und bei der Royal Navy geschult. Später waren hierfür die technischen Schulen der Luftwaffe sowie die Fliegertechnische Schule der Marineflieger in Kiel-Holtenau zuständig. Die substanziellen Wartungsarbeiten übernahm Focke-Wulf in Bremen.

Dass es sich bei der Sea Hawk um eine Anfangsausstattung und Zwischenlösung handelte, war von Beginn an klar. Ab dem 1. Oktober 1963 begann beim MFG 1 die Umrüstung auf den Starfighter. Es folgte das MFG 2, wo die Umstellung bis Ende 1966 vollzogen und damit das Sea Hawk-Kapitel endgültig geschlossen war. Exakt 25 464 Flugstunden für die Marineflieger lautet die Bilanz des ersten deutschen Marineflieger-Jets.

Bild rechts oben: Startvorbereitungen bei idealem Flugwetter.

Bild rechts unten: Die täglichen Wartungen nahm das technische Personal der Marineflieger wahr, ihren großen Generalcheck durchlief die Sea Hawk turnusgemäß bei Focke-Wulf.

Mk 100 mit dem kompletten Waffendisplay.

Technische Daten	
Hersteller	Hawker Siddeley Aviation, Armstrong Whitworth, England
Typ	Hawker Mk 100/Mk 101 Sea Hawk
Erstflug	2. September 1947
Gebaut ab	1950
Stückzahl	542
Stückzahl Bundesmarine	68
Triebwerk	Rolls-Royce Nene 103
Leistung (kN)	23,134
Höchstgeschwindigkeit (km/h)	964
Reichweite (km)	770
Dienstgipfelhöhe (m)	13 500
Länge (m)	12,09
Höhe (m)	2,98
Spannweite (m)	11,89
Startmasse (kg)	7327
Leermasse (kg)	4208
Besatzung	1

Grumman HU-16 Albatross

Grumman HU-16 Albatross über der Kieler Förde.

Aufgrund internationaler Abkommen ist die Bundesrepublik Deutschland verantwortlich für den maritimen Such- und Rettungsdienst – SAR = Search and Rescue – in den ihr zugeordneten Seegebieten der Nord- und Ostsee. Aus der Luft nehmen diese Aufgaben die Marineflieger wahr. Mit dem Hubschrauber Bristol B 171 Sycamore Mk 52 konnten ab 1958 respektable Einsatzerfolge erzielt werden, doch zeigten sich in der Praxis auch Defizite hinsichtlich ihrer Geschwindigkeit und Reichweite. Um diese Lücke im SAR-Dienst zu schließen, bestellte die Bundesmarine 1956 fünf Amphibienflugzeuge vom Typ Grumman HU-16 Albatross, die drei Jahre später einsatzbereit waren.

Das ab 1944 im Auftrag der US Navy und als Nachfolger JRF Goose konzipierte Flugboot gilt als äußerst robust und gutmütig in seinen Flugeigenschaften besonders in Schwerwettersituationen. Konstruiert wurde es von der Grumman Aircraft Engineering Corporation in Bethpage auf Long Island in New York. Der Erstflug gelang am 24. Oktober 1947, zwischen 1949 und 1954 entstanden 459 Grumman HU-16 Albatross. In mehr als 15 Ländern wurde die Maschine exportiert und kam vornehmlich im SAR-Dienst zum Einsatz. Hauptnutzer waren die US Air Force, die US Navy und die US Coast Guard.

Bei der Konstruktion handelte es sich um einen freitragenden Hochdecker in Ganzmetall-Halbschalenbauweise. An den äußeren Tragflächen gaben Stützschwimmer, in denen auch Kraftstofftanks eingebaut waren, dem Flugzeug beim Rollen auf dem Wasser die notwendige Seitenstabilität. Das Hauptfahrwerk der Maschine wurde während des Fluges und bei Wasserlandungen eingezogen. Zwei luftgekühlte Sternmotoren des Typs Wright R-1820-76A Cyclone mit jeweils neun Zylindern und 2850 PS Gesamtleistung fungierten als Antrieb. Zur Aufladung hatten sie Einstufen-Zweigang-Turbolader, die hydraulisch betätigt wurden. Die beiden Ganzmetall-Dreiblattpropeller mit 3,34 Metern Durchmesser konnten zur Schubumkehr verstellt werden. Der Treibstoffverbrauch im Normalbetrieb lag bei rund 200 Litern pro Stunde je Motor.

Wartungsarbeiten an den Wright-Sternmotoren.

Abflugbereite Albatross vor ihrem Hangar in Kiel-Holtenau.

Beim Marinefliegergeschwader 5 waren von 1959 bis September 1971 insgesamt fünf der zwischenzeitlich zum B-Modell modifizierten Grumman Albatross für den SAR-Rettungsdienst über See rund um die Uhr einsatzbereit. Sie fanden außerdem bei Kranken- und Transplantattransporten, taktischen Aufklärungsflügen, bei Personen- und Materialtransporten und im Winter zur Eisaufklärung Verwendung.

Im Sommer 1968 übernahm man drei weitere Albatross-Maschinen, in diesem Fall A-Modelle mit kürzeren Tragflächen. Sie kamen zur „Germanisierung" ins VFW-Werk nach Bremen, wurden jedoch nie in den Flugdienst der Marineflieger übernommen. Zwischenzeitlich war die Außerdienststellung der Amphibienflugzeuge beschlossen worden, was zu ihrer Verschrottung führte. Die fünf aktiven Grumman HU-16 Albatross verkaufte die Bundeswehr in die USA.

Kleines Bild rechts: Wasserstarts konnten mit Unterstützung von zwei oder vier JATO (Jet Assisted Take-off)-Hilfsraketen durchgeführt werden.

Über eine Rampe ging es vom Stützpunkt des MFG 5 zum Start ins Wasser der Kieler Förde.

Im Rahmen ihrer SAR-Aufgaben konnte die Albatross große Seegebiete innerhalb kurzer Zeit nach Schiffbrüchigen und Havaristen absuchen.

Technische Daten	
Hersteller	Grumman Aircraft Engineering Corporation, USA
Typ	Grumman HU-16 Albatross
Erstflug	24. Oktober 1947
Gebaut ab	1949
Stückzahl	459
Stückzahl	5 + 3 (nicht im Einsatz)
Motor	2 x Wright R-1820-76A Cyclone, luftgekühlter Sternmotor, 9 Zylinder, 29,9 l Hubraum
Leistung (kW/PS)	2 x 1050/1425
Höchstgeschwindigkeit (km/h)	385
Reichweite (km)	5575
Dienstgipfelhöhe (m)	7165
Länge (m)	19,15
Höhe (m)	7,87
Spannweite (m)	29,46
Startmasse (kg)	17 010 (Land)/15 122 (Wasser)
Leermasse (kg)	10 380
Besatzung	5 + 11 Passagiere

Saunders-Roe Skeeter Mk 51

Vier Exemplare des Saunders-Roe Skeeter Mk 51 wurden im Oktober 1958 bei den Marinefliegern in Kiel-Holtenau in Dienst gestellt.

Die Saunders-Roe Limited in East Cowes auf der Isle of Wright baute ursprünglich Boote, später Wasserflugzeuge. 1951 übernahm das Unternehmen die Cierva Autogiro Company in Southampton und besaß damit die Konstruktionsrechte sowie zwei Prototypen des Hubschraubers Cierva W.14 Skeeter, der bereits am 8. Oktober 1948 seinen Erstflug absolviert hatte.

Der Skeeter besaß eine zweigeteilte Rumpfstruktur, gefertigt aus einer gewichtssparenden Aluminiumlegierung. Eine vollverglaste Kabine, die Kraftstofftanks sowie das Triebwerk mit der Rotorwelle bildeten die vordere Rumpfsektion. Der Hauptrotor war dreiblättrig und klappbar ausgeführt. Das Fahrwerk bestand aus dem Bugrad sowie am hinteren Ende der Kabine zwei einzelnen Seitenrädern. Ein nach hinten zulaufender Ausleger mit einer Flosse und dem zweiblättrigen Heckrotor bildete die hintere Rumpfsektion.

Die britischen Ingenieure taten sich bei der Ausentwicklung der Maschine schwer, immer wieder kämpften sie mit technischen Problemen. Als der Saunders-Roe Skeeter 1956 in seiner siebten Generation schließlich serienreif war, hatte er sich konzeptionell bereits überholt. Die britische Armee erwarb 64 Einheiten zur Verwendung als Beobachtungshubschrauber, darüber hinaus einige weitere mit Doppelsteuerung für Schulungszwecke. Unter der Exportbezeichnung Mk 50 gingen sechs Skeeter an die Heeresflieger

Hinsichtlich seiner Reichweite, Geschwindigkeit und der möglichen Zuladung konnte der britische Hubschrauber nicht überzeugen.

und vier Maschinen des Typs Mk 51 an die Bundesmarine. Bis zum Produktionsende 1960 entstanden inklusive aller Prototypen und Vorserienmodelle 92 Exemplare des Skeeter.

Das Gastspiel bei der Bundeswehr dieses kleinen Briten mit dem markanten Glasdach war nur kurz: Im Juli 1957 hatten die gerade neu gegründeten deutschen Streitkräfte jene zehn Exemplare als Schul- und Verbindungshubschrauber beim Hersteller in Auftrag gegeben. In dieser frühen Phase lief es bei der Beschaffung von Ausrüstung nicht immer optimal bei der Bundeswehr, denn es klaffte seit 1945 eine zehnjährige Erfahrungslücke. Ihre Aufgaben mussten vor dem Hintergrund des deutschen NATO-Beitritts 1955 neu definiert werden. Manch eingeschlagener Weg offenbarte sich in der Rückschau als Irrweg. Dazu zählt auch die Entscheidung für den Skeeter, der sich in Sachen Leistung und Reichweite als unterdimensioniert erwies. Hinzu kam seine Beschränkung auf nur einen Passagierplatz sowie geringe Transportkapazitäten. Und es gab Alternativen: Mit der Dornier Do 27 und der Percival Pembroke standen nahezu zeitgleich Verbindungsflugzeuge zur Verfügung, die sich als schneller, wirtschaftlicher und praxistauglicher erwiesen.

SC 501 bis SC 504 lauteten die Kennungen der vier Skeeter bei den Marinefliegern. Stationiert waren sie ab Oktober 1958 auf dem Fliegerhorst

Überschaubar bestückte Armaturentafel.

in Kiel-Holtenau. Nur zwei Piloten waren auf dem zweisitzigen Helikopter ausgebildet und durften ihn fliegen. Im militärischen Alltag bewährte sich der Skeeter nicht, war von der Führung von Beginn an als Übergangslösung betrachtet worden. Das kann man allein daran festmachen, dass er es bei den Marinefliegern lediglich auf eine Gesamtflugdauer von 46 Stunden brachte. Er wurde augenzwinkernd als ‚Fliegende Admiralsbarkasse' bezeichnet, da er in erster Linie für Verbindungsflüge hochrangiger Offiziere zum Einsatz kam.

Zwischen 1959 und 1961 wurden alle Skeeter von Marine und Heer außer Dienst gestellt und im Juni 1961 nach Portugal verkauft, wo man sie bereits nach kurzer Zeit verschrottet hat.

Skeeter Mk 50 der Heeresfliegerstaffel 3.

Bei den Marinefliegern kamen die vier Skeeter auf gerade einmal 46 Flugstunden.

Museumstipp: Bei dem im Hubschraubermuseum Bückeburg ausgestellten Saunders-Roe Skeeter handelt es sich um ein Exemplar, das bei den britischen Heeresfliegern in Middle Wallop im südenglischen Hampshire im Einsatz war. Der Helikopter besitzt seine originalen britischen Hoheitsabzeichen, ist aber in weiten Teilen baugleich mit den Skeetern der Bundesmarine.

Kontakt und Info:
www. hubschraubermuseum.com

Technische Daten	
Hersteller	Saunders-Roe Ltd., England
Typ	Saunders-Roe Skeeter Mk 51
Erstflug	8. Oktober 1948
Gebaut ab	1956
Stückzahl	92
Stückzahl Bundesmarine	4
Motor	De Havilland Gipsy Major, luftgekühlter Reihenmotor, 4 Zylinder, 6,1 l Hubraum
Leistung (kW/PS)	158/215
Höchstgeschwindigkeit (km/h)	167
Reichweite (km)	380
Dienstgipfelhöhe (m)	3901
Länge (m)	8,13
Höhe (m)	2,29
Durchmesser Hauptrotor (m)	9,76
Durchmesser Heckrotor (m)	1,83
Startmasse (kg)	1043
Leermasse (kg)	752
Besatzung	1 + 1

Fairey Gannet AS.4

Noch heute beeindruckt die Fairey Gannet durch ihre wuchtige und außergewöhnliche Optik.

Die feierliche Indienststellung der U-Boot-Jagdstaffel fand am 20. Mai 1958 im nordirischen Eglinton statt, fünf Wochen später verlegte die Einheit zum neuen Fliegerhorst nach Jagel. Sie wurde der 1. Marinefliegergruppe unterstellt, aus der das MFG 1 entstand. Ausgerüstet war sie mit 16 nagelneuen Fairey Gannet AS.4. Ein optisch und technisch ungewöhnliches Flugzeug.

Die britische Admiralität forderte 1945 ein schnelles Luftfahrtzeug zur Suche und Bekämpfung von U-Booten, das von Landstützpunkten und vom Deck eines Flugzeugträgers aus operieren konnte. Der Entwurf der 1915 gegründeten und auf den Bau von Seeflugzeugen spezialisierten Fairey Aviation Company Ltd überzeugte im Herbst 1949 mit ihrem Prototyp Fairey 17. Unter Hochdruck wurde der U-Boot-Jäger zur Serienreife gebracht, im April erfolgte die Lieferung der neuen Maschinen an die Royal Navy. Die erste Gannet-Staffel der britischen Marineflieger wurde auf dem Flugzeugträger „Eagle" stationiert.

Permanent entwickelte man die Maschine weiter. Ab 1955 stand die leistungsgesteigerte Version Fairey Gannet AS.4 zur Verfügung, für die sich auch die Bundesmarine entschied. Konstruiert war sie als zweimotoriger freitragender Mitteldecker mit einem Ganzmetall-Schalenrumpf, der wegen seiner Verwendung als Trägerflugzeug besonders robust ausgeführt war und mechanisch faltbare Ganzmetall-Knickflügel besaß. Angetrieben wurde die Fairey Gannet durch ein Turboprop-Triebwerk vom Typ Armstrong Siddeley Double Mamba ASMD 3. Es bestand aus zwei separaten, nebeneinander liegenden Jet-Triebwerken, die unabhängig voneinander arbeiteten. Über ein kombiniertes Reduktionsgetriebe trieb es zwei gegenläufige Vierblatt-Luftschrauben an. Die Kraftübertragung erfolgte mittels zweier Koaxialwellen. Die Welle für den hinteren Propeller war innen hohl. In ihr lief gegenläufig die Welle für das vordere Pendant. Zur Treibstoffersparnis oder bei einem Notfall konnte eines der beiden Trieb-

Fliegen pur: Im Cockpit sorgten weder Elektronik noch Hydraulik für Erleichterung.

Der Radaroperator war einsam und mit Blickrichtung nach hinten im Hecksegment platziert.

werke abgeschaltet werden. Mittels Startkartuschen wurde die Maschine in Betrieb genommen.

Drei Soldaten bildeten eine Gannet-Besatzung: vorn im Cockpit der Pilot, dahinter der Navigator und Beobachter sowie der Funker und Radar-Operator, dessen Cockpit in der Flugzeugmitte in Höhe der Tragflächenhinterkanten entgegen der Flugrichtung positioniert war. Die drei Kanzeln waren einzeln angeordnet und verfügten über separate, im Notfall abwerfbare Schiebehauben aus Plexiglas. Schleudersitze gab es nicht. Pilot und Navigator saßen unmittelbar über dem Waffenraum. Der ließ sich durch zwei Klappen an der Rumpfunterseite zum Abwurf öffnen und konnte entweder zwei Torpedos oder zwei Fallschirmminen, außerdem Bomben, Wasserbomben sowie Sonobuoys-Ortungsbojen aufnehmen. Unter den Tragflächen bestand die Möglichkeit, 16 Raketen und weitere Sonarbojen zu montieren.

Das Bundesverteidigungsministerium orderte seinerzeit 15 Fairey Gannet AS.4 sowie eine Trainingsmaschine T.5. Kostenpunkt: rund 800 000 D-Mark pro Maschine. Parallel zur Beschaffung lief die Ausbildung der Piloten in den USA und des technischen Personals in Nordirland. Im Herbst 1961 wurde die Staffel vom MFG 1 auf das MFG 2 in Schleswig übertragen und im Folgejahr in Westerland auf Sylt stationiert. Am 1. Oktober 1963 verlegte man die U-Jagdstaffel abermals, und zwar zum MFG 3 nach Nordholz.

Die Außerdienststellung der 15 Fairey Gannets – eine Maschine ging bei einem Absturz verloren, alle drei Besatzungsmitglieder starben – erfolgte nach mehr als 10 000 Flugstunden am 30. Juni 1966. Der Nachfolger, die hochmoderne Bréguet BR 1150 Atlantic, stand zu diesem Zeitpunkt beim MFG 3 auf dem Fliegerhorst in Nordholz schon bereit, der Übergang verlief reibungslos.

Ungewöhnlich waren die beiden sich gegenläufig drehenden Vierblatt-Propeller.

Die Tragflächen des U-Boot-Jägers ließen sich für die Verwendung auf Flugzeugträgern raumsparend zusammenfalten.

Museumstipp: In vier deutschen Museen sind Fairey Gannet ausgestellt. Während im Aeronauticum in Nordholz, im Militärhistorischen Museum in Berlin-Gatow und dem Technikmuseum Speyer jeweils Maschinen aus dem MFG 3-Bestand gezeigt werden, handelt es sich bei der Fairey Gannet in der Flugausstellung Hermeskeil um ein ganz besonderes Exemplar: die AWACS-Spezialausführung AEW.3 XL 450 kam bis 1978 als fliegendes Frühwarnsystem von britischen Flugzeugträgern aus zur luftgestützten Luftraumaufklärung und -überwachung zum Einsatz.

Kontakt und Info:
www.flugausstellung.de

Technische Daten

Hersteller	Fairey Aviation Company, England
Typ	Fairey Gannet AS.4
Erstflug	19. September 1949
Gebaut ab	1953
Stückzahl	348
Stückzahl Bundesmarine	15 + 1 Trainer
Triebwerk	Armstrong Siddeley Twin-Mamba ASMD.3, Turboprop
Leistung (kW/PS)	2015/2740
Höchstgeschwindigkeit (km/h)	479
Reichweite (km)	1519
Dienstgipfelhöhe (m)	7625
Länge (m)	13,56
Höhe (m)	4,13
Spannweite (m)	16,56
Startmasse (kg)	8898
Leermasse (kg)	6841
Besatzung	3

Fouga CM 170 Magister

Zuverlässigkeit und fehlerverzeihliches Handling waren die großen Pluspunkte des zweistrahligen Jets aus Frankreich.

Aus Kostengründen wurde die Ausbildung der Jetpiloten 1961 aus den USA zur Flugzeugführerschule A der Luftwaffe in Landsberg verlegt. 130 Flugstunden betrug das Pensum der angehenden Marineflieger, die fortan auf der Fouga CM 170 Magister abzuleisten waren.

In der zweiten Jahreshälfte 1959 stießen die ersten fünf Magister zu den Marinefliegergeschwadern 1 und 2, wo sie als Verbindungsflugzeug und Übungsmaschine in unterschiedlichen Anwendungsbereichen flexibel eingesetzt wurden. Bis zur Ausmusterung 1969 flogen 17 Magister bei den Marinefliegern. Dabei kamen beim MFG 1 insgesamt 7300 Flugstunden zusammen, beim MFG 2 waren es exakt 6233. Weitere 217 CM 170-Trainingsjets setzte die Luftwaffe ein.

Die Entwicklung des zweistrahligen Jets war eine Weiterentwicklung des 1949 vorgestellten Turbinenmotorseglers CM 8-R13 durch das 1920

Alles im Blick, alles im Griff: der übersichtliche Arbeitsplatz des Flugzeugführers.

Ausgeliefert wurde die Fouga vom Hersteller in unlackiertem Zustand, ein Tarnanstrich wurde erst später bei Marine und Luftwaffe aufgetragen.

in Béziers gegründete Luftfahrtunternehmen Fouga. Im Juni 1951 erteilte die französische Luftwaffe, die Armée de l'air, den Konstruktionsauftrag für drei Prototypen und war beeindruckt von deren Flugleistungen. Nach Optimierungen begann im Frühjahr 1956 der Serienbau. Zeitgleich gaben die französischen Marineflieger eine navalisierte Version für den Einsatz auf Flugzeugträgern in Auftrag.

Die Fouga CM 170 Magister war als freitragender Mitteldecker mit einem einholmigen Ganzmetallflügel konzipiert. Der Zweisitzer verfügte über servobetätigte Querruder mit automatischen Trimmklappen, hydraulischen Landeklappen zwischen Querruder und Rumpf sowie Bremsklappen auf der Flügelober- und -unterseite. Der ovale Rumpf entstand in Halbschalenbauweise komplett aus Metall, ebenso das freitragende 110 Grad gespreizte V-Leitwerk. Das Fahrwerk war einziehbar, die Haupträder ließen sich hydraulisch bremsen und das Bugrad konnte gesteuert werden.

Zwei Turboméca Marboré II A-Strahltriebwerke hatten die Fouga-Ingenieure nahe der Mittelachse angeordnet, um den asymmetrischen Schub auf ein Minimum zu reduzieren. Sie hatten ein gemeinsames Kraftstoffsystem, verfügten jedoch über unabhängige Ölkreisläufe. 730 Liter betrug das sich auf zwei Tanks verteilende Kraftstoffvolumen. Zur Erhöhung der Reichweite konnten zusätzlich zwei Flügelendtanks mit jeweils 125 Litern Fassungsvermögen montiert werden.

Als Doppelsitzer konzipiert, saßen Pilot und Flugschüler hintereinander. Die geräumige klima-

Charakteristisch war das V-förmige Schmetterlings-Leitwerk.

tisierte Druckkabine hielt für beide Piloten eine unabhängig regulierbare Sauerstoffversorgung vor. Steuerung, Anzeigen und Bedienelemente waren doppelt vorhanden. Die Cockpitelektronik entsprach den NATO-Standards.

Entgegen der französischen Basisversion, die über zwei in der Nase des Rumpfs angeordneten Maschinengewehren verfügte, waren die deutschen CM 170 unbewaffnet. Allerdings bestand im Rahmen der Waffenausbildung die Möglichkeit, drahtgelenkte AS 12-Trainingsflugkörper von den Underwing-Hard-Points der Magister abzufeuern.

Die CM 170 eroberte eine Marktnische, denn die Luftstreitkräfte verschiedener Nationen hatten bittere Erfahrungen mit den Kampfjets der ersten Generation machen müssen: Viele Unfälle aufgrund technischer Probleme sowie von Pilotenfehlern ereigneten sich mit der neuen Technologie. Gefragt war ein zuverlässiges Trainingsflugzeug mit fehlerverzeihlichen Flugeigenschaften. Exakt ein solches lieferten die Franzosen mit der Magister. Dem Hersteller bescherte dies Exportaufträge von 17 Nationen.

Lediglich die ersten 40 von insgesamt 234 Exemplaren für die Bundeswehr produzierte Fouga in Toulouse. Die übrigen 194 entstanden in Deutschland. Für den Lizenzbau riefen die Messerschmitt AG und die Ernst Heinkel Flugzeugwerke 1956 die Flugzeug-Union Süd ins Leben. Bei Heinkel in Speyer entstanden der Flügel, das V-Leitwerk und der Rumpfbug. Die Rümpfe baute Messerschmitt in Augsburg. Auf der Messerschmitt-Werft in Riem erfolgte die Endmontage, wo später auch die Wartung durchgeführt wurde.

Eingesetzt war die Fouga Magister in erster Linie als Trainer und für Erprobungszwecke. So musste jeder Jetpilot jährlich verschiedene Checkflüge absolvieren und seine Fähigkeiten bei Instrumenten-, Navigations- und Nachtflügen nachweisen. Auf die französische Maschine wurde zurückgegriffen, wenn spezielle Technik erprobt wurde, die Flugzeugführer bestimmte Manöver trainieren oder gezielt Flugpraxis sammeln wollten.

Technische Daten

Hersteller	Potez Air-Fouga, Sud Aviation, Frankreich und Flugzeug-Union Süd GmbH
Typ	Fouga CM 170 Magister
Erstflug	23. Juli 1952
Gebaut ab	1956
Stückzahl	929
Stückzahl Bundesmarine	17
Triebwerk	2 x Turboméca Marboré II A-Strahltriebwerke
Leistung (kN)	2 x 3,9
Höchstgeschwindigkeit (km/h)	740
Reichweite (km)	1180
Dienstgipfelhöhe (m)	12 200
Länge (m)	10,06
Höhe (m)	2,80
Spannweite (m)	12,14
Startmasse (kg)	3160
Leermasse (kg)	1936
Besatzung	2

Bild links oben: Technischer Grundcheck durch das Bodenpersonal.

Bild links unten: CM 170 während eines Flugtags der Bundeswehr.

Bild rechts: Bekannt war die Fouga Magister für ihre erstklassigen Kunstflugeigenschaften.

Hunting Percival P-66 Pembroke C. MK 54

Im Landeanflug mit ausgefahrenem Fahrwerk.

Die Hunting Percival P-66 Pembroke C. MK 54 gilt als Urvater der Marinefliegerei in der Bundeswehr, gehört die zweimotorige Maschine doch zur Erstausstattung in der Gründungszeit und war das erste Baumuster überhaupt, das für die Seestreitkräfte an den Start ging. Im Januar 1957 erteilte das Bundesverteidigungsministerium den Lieferauftrag über 33 Pembrokes an den britischen Hersteller Hunting Percival Aircraft in Luton. Davon gingen sechs Maschinen vom 16. März 1958 bis zum Jahresende an die Bundesmarine. 23 erhielt die Luftwaffe und 4 das Heer. Alle Pembrokes der Bundeswehr trugen hinter der Typenbezeichnung das Kürzel C. MK 54. Sie kamen als „Mädchen für alles" zum Einsatz: als Transport-, Schulungs-, Vermessungs- und Verbindungsflugzeug sowie als Aufklärer. Oftmals galt es, hochrangige Politiker und Stabsoffiziere zu den Ministerien oder zu NATO-Stellen zu fliegen. In der Bundeswehr wurde die Maschine von allen, die mit ihr zu tun hatten, entsprechend ihrer Flugeigenschaften als die „gutmütige Pem" bezeichnet.

Basierend auf der Percival Prince begann man in England nach dem Zweiten Weltkrieg mit den Entwicklungsarbeiten an einem leichten Transport- und Verbindungsflugzeug. Das Ergebnis war die Pembroke, die am 21. November 1952 erstmals abhob und im darauffolgenden Jahr in Serie ging. Sie war als Schulterdecker ausgeführt und in Halbschalenbauweise vollständig aus Leichtmetall hergestellt. Das Hauptfahrwerk integrierte man in die beiden Triebwerksgondeln. Wegen des Pneumatiksystems erhielt die

Maschine den scherzhaften Beinamen „fliegende Luftpumpe". Das Bugradfahrwerk war zwillingsbereift, voll schwenkbar und selbstzentrierend, allerdings nicht steuerbar.

Durch ihr günstiges Gewichts-Auftriebsverhältnis benötigte die Pem eine relativ kurze Startstrecke. Als Antrieb fungierten zwei Alvis Leonides 127-Motoren. Hierbei handelte es sich um luftgekühlte Sternmotoren – jeweils neun Zylinder, 550 PS und zwölf Liter Hubraum. Aufgeladen waren sie durch einen einstufigen Radiallader. Die Motoren trieben über ein Untersetzungsgetriebe jeweils eine dreiblättrige Verstellluftschraube mit konstanter Drehzahl an. Ihr Durchmesser bemaß sich auf 2,97 Meter. Der Kraftstoff war in vier Tanks mit einer Gesamtkapazität von 1080 Litern im Flügel untergebracht.

Fertig zum Abflug am Rande der Piste.

Die Pembroke galt als zuverlässig und gutmütig in ihren Flugeigenschaften.

Für die Bedienung durch den Piloten und den Copiloten war das Cockpit zweifach ausgelegt. Hier fanden sich sämtliche für den Flugbetrieb erforderlichen Instrumente und Bedienelemente sowie die Funk- und Navigationsgeräte. Hinten in der „Röhre" – wie der Raum im Mittel- und Hecksegment genannt wurde – waren Sitze für acht Passagiere entgegen der Flugrichtung montiert. Diese ließen sich mit wenigen Handgriffen entfernen und der entstandene Raum war für Transportzwecke nutzbar.

Werksseitig wurde die Pem in der Farbgebung Alusilber angeliefert. Anfang der 60er-Jahre erhielt sie den Standardtarnanstrich der Bundeswehr. Hinzu kam die Aufschrift Marine am Leitwerk sowie der geflügelte Anker vor der Kennung.

Die Pembrokes der Bundesmarine wurden 1972 durch die Dornier Do 28 D2 Skyservant ersetzt. Nach 17 Dienstjahren stellte die Bundeswehr schließlich ihre letzte Percival P.66 Pembroke C. MK 54 außer Dienst. Sie absolvierte zum Schluss Vermessungsflüge für die Deutsche Forschungs- und Versuchsanstalt für Luft- und Raumfahrt.

Techniker bei Wartungsarbeiten am Steuerbord-Motor.

Das Cockpit war für Pilot und Copilot doppelt ausgeführt.

Die P-66 war das erste Baumuster, das bei den Fliegern der Bundesmarine in Dienst gestellt wurde.

Pembroke in Warteposition neben einer Douglas DC-3.

Technische Daten

Hersteller	Hunting Percival Aircraft, England
Typ	Hunting Percival P-66 Pembroke C. MK 54
Erstflug	21. November 1952
Gebaut ab	1953
Stückzahl	136
Stückzahl Bundesmarine	6
Motor	2 x Alvis Leonides 127, luftgekühlter Sternmotor, 9 Zylinder, 11,8 l Hubraum
Leistung (kW/PS)	2 x 412/550
Höchstgeschwindigkeit (km/h)	380
Reichweite (km)	1850
Dienstgipfelhöhe (m)	7680
Länge (m)	14,02
Höhe (m)	4,88
Spannweite (m)	19,66
Startmasse (kg)	6480
Leermasse (kg)	4166
Besatzung	2 + 8 Passagiere

Piaggio P-149D

Zwölf Exemplare der Piaggio P.149D waren bei den Marinefliegern eingesetzt.

Nach dem Zweiten Weltkrieg war dem italienischen Unternehmen Piaggio der Bau von Flugzeugen untersagt. Erst mit Beginn der 50er-Jahre entwickelte man, zunächst im Verborgenen, das zweisitzige und kunstflugtaugliche Schulungsflugzeug Piaggio P.148, von dem die italienische Luftwaffe 100 Exemplare beschaffte. Darauf basierend entstand die P.149, deren Erstflug am 19. Juni 1953 stattfand.

Zu dieser Zeit suchte die Bundeswehr eine Schulungsmaschine zur Ausbildung der Flugzeugführeranwärter, die darüber hinaus als Reise- und Verbindungsflugzeug geeignet sein sollte. Es kam im August 1956 zum Vertragsabschluss mit Piaggio und im Mai 1957 wurde die erste von 72 Pitschi, wie sie genannt wurde, aus italienischer Fertigung an die Bundeswehr ausgeliefert. Es folgten weitere 190 Maschinen, die in Lizenz bei Focke-Wulf in Bremen hergestellt wurden.

Tatsächlich war der gewichtigste Grund für die Kaufentscheidung der Lizenzbau. Dadurch sollte die am Boden liegende deutsche Luftfahrtindustrie, in diesem Fall Focke-Wulf, wieder Fuß fassen und international wettbewerbsfähig werden. Mit politischem Rückenwind ging es aufwärts: Die Bundesregierung sorgte für die Vorfinanzierung

Pitschi im Hangar von Focke-Wulf, dahinter eine Grumman Albatross.

Die bei Focke-Wulf in Lizenz gebauten P.149 erhielten die Bezeichnung P-149D.

von Maschinen, Werkzeug und Material. Die Belegschaft in Bremen wuchs schlagartig auf 700 Mann an. Bereits am 5. November 1957 lieferte Focke-Wulf die erste P-149D an die Bundeswehr ab. Dabei stand das Kürzel D in der Typbezeichnung für den Produktionsstandort Deutschland.

Der freitragende Tiefdecker war vollständig aus Leichtmetall hergestellt. In der geschlossenen Kabine gab es vorn und hinten jeweils zwei Sitze. Für die Pilotenschulung war das Cockpit zweifach ausgeführt. Das üppig dimensionierte Kabinendach aus Plexiglas ermöglichte eine uneingeschränkte Rundumsicht. Haupt- und Bugfahrwerk ließen sich elektrisch einziehen und ausfahren. Für den Vortrieb sorgte der Lycoming GO-480-B1A6, der auf einen dreiblättrigen Verstellpropeller wirkte. Dieser Motor war auch in der Dornier Do 27 verbaut, was Vorteile bei Wartungen, Reparaturen und der Ersatzteilversorgung mit sich brachte. Den Sechszylinder-Boxer baute BMW im Werk München-Allach in Lizenz.

Die Bundesmarine erhielt zum Jahresbeginn 1959 die ersten vier von insgesamt zwölf P-149D. Sie diente als Reise- und Verbindungsflugzeug, durfte auf Flugtagen außerdem ihre Kunstflugeigenschaften zur Schau stellen. In der Luftflotte der Seestreitkräfte führte sie ein unspektakuläres Dasein, obwohl alle Flugzeugführer der Marineflieger bis 1989 ihre ersten Flugstunden im Cockpit der Piaggio geleistet hatten. Hauptbetreiber der Pitschis war die Luftwaffe. Die Maschinen kamen in der fliegerischen Vorauswahl, dem Screening, zum Einsatz. Über 30 Jahre lang war die Piaggio P-149D eine feste Größe im fliegerischen Ausbildungsbetrieb. Bereits 1972 begann man schrittweise mit der Außerdienststellung des Baumusters. Am 31. März 1990 schickte man das letzte Exemplar aufs Altenteil.

Die Bundesmarine setzte ihre P-149D in erster Linie als Verbindungs- und Ausbildungsflugzeuge ein.

Tankvorgang am Rand des Flugfelds.

Für Schulungszwecke waren die Cockpits einiger Piaggios doppelt ausgelegt.

Es gab wohl kaum einen Piloten bei der Bundeswehr, der in seiner Karriere nicht hinter dem Steuerknüppel einer Pitschi saß.

Technische Daten

Hersteller	Piaggio, Italien und Focke-Wulf-Flugzeugbau GmbH
Typ	Piaggio P-149D
Erstflug	19. Juni 1953
Gebaut ab	1956
Stückzahl	272
Stückzahl Bundesmarine	12
Motor	Lycoming GO-480-B1A6, luftgekühlter Boxermotor, 6 Zylinder, 7,8 l Hubraum
Leistung (kW/PS)	201,5/274
Höchstgeschwindigkeit (km/h)	303
Reichweite (km)	1060
Dienstgipfelhöhe (m)	5380
Länge (m)	8,78
Höhe (m)	2,85
Spannweite (m)	11,12
Startmasse (kg)	1650
Leermasse (kg)	1160
Besatzung	1/2 + 2/3 Passagiere

Lockheed F-104G Starfighter

Trotz der katastrophal hohen Absturzzahlen war der Starfighter bei seinen Piloten hoch geschätzt.

Bis heute ist der Ruf des Starfighters in der Öffentlichkeit nachhaltig beschädigt. Von insgesamt 916 Maschinen der Bundeswehr gingen 269 F-104G durch Abstürze verloren, wobei 116 Piloten ihr Leben verloren. Davon stehen 47 Jets und 22 Offiziere des fliegenden Personals auf der Verlustliste der Marineflieger. Allein das Zustandekommen des milliardenschweren Rüstungsauftrags ist bis heute geheimnisumwittert, führte seinerzeit zur sogenannten Starfighter-Krise und zum Rücktritt von Verteidigungsminister Franz Josef Strauß.

Was waren die Ursachen für die vielen Unfälle? Die Umstellung von der Sea Hawk auf das moderne Hochleistungs-Waffensystem F-104G war für das fliegende und technische Personal ein Quantensprung, auf den sie unzureichend vorbereitet waren. Den als Schönwetterjäger ausgelegte Starfighter hatte man in seiner europäischen Version F-104G massiv aufgerüstet und dabei durch schwere Zusatzausrüstung überfrachtet. Komplexe Elektronik und Hydraulik hatte man in der ohnehin schon radikalen Konstruktion verbaut, die intensive Wartung und höchstes Maß an Spezialwissen voraussetzten. Die Piloten waren bis an ihre Leistungsgrenzen gefordert, um die Hightech-Avionik zu beherrschen. Besonders im Stress häufiger Tiefflüge oder bei doppelter Schallgeschwindigkeit.

Entwickelt wurde der Starfighter von der US-amerikanischen Lockheed Corporation. Die Grundlagen brachten die Erkenntnisse aus dem Korea-Krieg. Um der sowjetischen MiG-15 wirkungsvoll begegnen zu können, war ein schnelles, wendiges und einfach zu bedienendes Kampfflugzeug mit hohen Leistungsreserven gefordert. Binnen eines Jahres entstand ein Prototyp, der die Erwartungen der US-Militärs erfüllte und im März 1953 zu einem Entwicklungsauftrag führte. Am 4. März 1954 flog das erste Exemplar des Starfighters, 1956 lief die Serienfertigung an. Entstanden war ein reiner Tag- und Abfangjäger, kompromisslos auf Geschwindigkeit und hohe Steigraten getrimmt.

Die gesamte, komplett aus Leichtmetall hergestellte Konstruktion war auf Aerodynamik und Gewichtsersparnis ausgelegt, um im Überschallbereich auch die letzte Leistungsreserve herauszukitzeln. Die Tragflächen waren extrem dünn und äußerst kurz gehalten. Fahrwerk und Tanks fanden im hinteren Teil des Rumpfes Platz. Auch das lange und schmale Rumpfsegment trug zur Verringerung des Luftwiderstands bei. Daraus ergab sich eine hohe Landegeschwindigkeit, die durch zwei einteilige Landeklappen wirksam reduziert wurde.

Als Antrieb der ersten Generation kam ein Axialverdichter-Turbinentriebwerk mit verstellbaren Leitschaufeln und Nachbrenner des Typs J79-GE-11A von General Electric zum Einsatz. 1979 folgte das von MTU optimierte Strahltriebwerk GE-MTU J79-J1K. Schwierigkeiten ergaben sich durch das geringe Tankvolumen, das lediglich für 670 Kilometer reichte. Durch Zusatztanks ließ sich die Distanz zwar auf bis zu 1740 Kilometer ausweiten, dadurch wurden jedoch Geschwindigkeit und Flugeigenschaften negativ beeinflusst.

Hochtechnologie war seinerzeit die Avionik der F-104G: Der Flugzeugführer konnte auf ein boden- und wetterunabhängiges Navigationssystem zurückgreifen, in das auch der Waffeneinsatz integriert war. Die elektronische Waffenleit-, Navigations- und Funkanlage bildete zusammen mit dem IFF-System und der Flugregelanlage eine Einheit.

Bewaffnet war die F-104G mit einer sechsläufigen T171-Gatling-Maschinenkanone, die unterhalb des Cockpits platziert war. In der Version als Aufklärer, der RF-104G, ersetze man die 20-Millimeterkanone durch einen Kamerasatz. An den fünf Flügel- und Rumpfstationen konnten Außenlasten mit einem Maximalgewicht von 2200 Kilogramm montiert werden. Dabei erstreckte sich das Waffenspektrum von einfachen Bomben über Lenkflugkörper und Raketen bis hin zu thermonuklearen Bomben. Letztere wurden bei der Luftwaffe unter strenger Aufsicht der US Army vorgehalten, spielten bei der Bundesmarine aber keine Rolle.

Die Überlebensrate bei Notfällen stieg spürbar, als 1968 die Umrüstung auf den Schleudersitz Martin-Baker GQ 7A anlief. Dieser sogenannte Zero-Zero-Sitz funktionierte bei geringen Geschwindigkeiten und sogar am Boden einwandfrei. Zu Beginn der 70er-Jahre verringerten sich die Abstürze bezogen auf die geleisteten Flugstunden deutlich. Eine erhebliche Aufwertung in der technischen Ausbildung, die Optimierung

Die F-104G hatte eine hohe Landegeschwindigkeit, die mittels Bremsfallschirm reduziert werden konnte.

Starfighter F-104G mit Waffendisplay.

einzelner unfallträchtiger Bauteile sowie eine deutliche Erhöhung der Flugstunden und damit der Pilotenpraxis waren die Gründe dafür. Bei den Marinefliegern kamen eine spezielle Rettungsausrüstung und eine wirkungsvolle Neukonzeption für Luftnotfälle über See hinzu.

Gebaut wurde die europäische Starfighter-Version F-104G unter Federführung der NATO von vier Arbeitsgemeinschaften, bestehend aus mehreren europäischen Flugzeugherstellern. Dieser Rüstungsverbund produzierte von 1961 bis 1972 insgesamt 1127 Maschinen in den Ausführungen als Jagdbomber, Aufklärer und doppelsitziger Trainingsjet.

Keinesfalls ein Wunschkind war der Starfighter für die Marineflieger. Als Ersatz der Sea Hawk forderte die Führung einen zweisitzigen Jagdbomber mit zwei Triebwerken. Besondere Sicherheitsanforderungen über See und die mögliche Arbeitsteilung im Cockpit waren die Argumente. Doch wirtschaftliche und politische Gründe führten dazu, dass diesem Wunsch nicht entsprochen wurde.

Beim MFG 1 begann im Frühjahr 1963 die Umrüstung auf den Starfighter, das MFG 2 übernahm im März 1965 seine erste F-104G, wenig später auch den Aufklärer RF-104G und den zweisitzigen Trainer TF-104G. Operativer Auftrag wäre in einem Konfliktfall die Sicht-, Radar- und Fotoaufklärung gewesen. Weiterhin die Bekämpfung von feindlichen See- und Luftzielen in der Nord- und Ostsee, außerdem die Vernichtung gegnerischer Landungsverbände, Versorgungseinheiten, Häfen und Stützpunkte sowie Lenkwaffeneinheiten. Hauptwaffensysteme waren seinerzeit die Seezielflugkörper AS 34 Kormoran. Sie konnten aus zwölf Kilometern, weit außerhalb der Waffenreichweite des Gegners, abgefeuert werden und flogen in 30 Metern Höhe selbstständig ins Ziel.

Geplant für eine siebenjährige Nutzungsdauer, lief die Umstellung auf das Waffensystem Tornado tatsächlich erst 1982 an. Nach 132 000 Flugstunden hob beim MFG 1 am 29. Oktober 1981 zum letzten Mal eine F-104G ab. Die finale Starfighter-Landung beim MFG 2 erfolgte am 3. September 1986 nach über 180 000 Flugstunden.

Mit der zunehmend komplexeren Technik wuchs auch die Instrumentierung im ohnehin schon engen Cockpit an.

Museumstipp: Das Deutsche Marinemuseum in Wilhelmshaven bildet die Entwicklung der deutschen Militärseefahrt seit 1848 mit Schwerpunkt auf der Bundesmarine und der Deutschen Marine ab. Dabei spielt die Marinefliegerei zwar nur eine Nebenrolle, doch immerhin gibt es im Außenbereich eine F-104G Starfighter zu sehen. Der Jet kann aus allernächster Nähe von der Straße aus begutachtet werden. Trotzdem ist ein ausgiebiger Besuch des Marinemuseums mit seinen zahlreichen Großexponaten und den schwimmenden Einheiten höchst empfehlenswert.

Kontakt und Info:
www.marinemuseum.de

Technische Daten	
Hersteller	Lockheed Corporation, USA und ARGE Nord, West, Süd und Italien, Europa
Typ	Lockheed F-104G Starfighter
Erstflug	4. März 1954
Gebaut ab	1961
Stückzahl	1127
Stückzahl Bundeswehr	916
Triebwerk	General Electric GE-MTU J79-J1K
Leistung ohne Nachbrenner (kN)	52,8
Leistung mit Nachbrenner (kN)	79,6
Höchstgeschwindigkeit (km/h)	2200
Reichweite (km)	1740
Dienstgipfelhöhe (m)	16 764
Länge (m)	16,66
Höhe (m)	4,09
Spannweite (m)	6,68
Startmasse (kg)	13 170
Leermasse (kg)	6350
Besatzung	1

Sikorsky H-34G

Restaurierte Sikorsky im Eingangsbereich zum Fliegerhorst in Nordholz.

Mit der Bristol B 171 Sycamore als Erstausstattung hatten die Marineflieger recht gute Erfahrungen gemacht, doch wurde dieser leichte Hubschrauber mit Aufgabenschwerpunkt im SAR-Dienst von vornherein als Zwischenlösung betrachtet. Sein Nachfolger, die Sikorsky H-34G, war deutlich größer und robuster, bot dabei das Dreifache an Motorenleistung.

Entwickelt wurde die H-34 von der Sikorsky Aircraft Division in den USA, nachdem die US Navy einen neuen Helikopter für die U-Boot-Jagd und Transportaufgaben ausgeschrieben hatte. Am 20. September 1954 fand der Erstflug unter der Bezeichnung S-58 statt, im Jahr darauf lieferte man die ersten Modelle an die US Army aus. Sämtliche S-58-Versionen wurden 1962 unter dem Namen H-34 zusammengeführt.

Die Sikorski H-34 wurde in klassischer Haupt-Heckrotor-Konfiguration mit einem Rumpf in Ganzmetall-Halbschalenbauweise produziert. An Bord war Raum für zwei Flugzeugführer, 16 bis 18 Passagiere oder alternativ für acht bis zwölf Krankentragen. Bei Rettungseinsätzen befanden sich zwei Bordmechniker in der Kabine, wo sie die Winsch bedienten und Sanitätsaufgaben wahrnahmen. Das Cockpit war zweifach ausgelegt, so dass es vom Piloten und Copiloten bedient werden konnte. Steuerknüppel, der als Pitch bezeichnete kollektive Blattverstellhebel sowie die Steuerpedale für den Heckrotor waren doppelt vorhanden. Zur Ausrüstung gehörten verschiedene Funkanlagen, ein Notsender sowie ein Radiokompass mit Peilmöglichkeit. Die Navigation wurde von einem bodengestützten Instrumentenlandesystem erleichtert.

Ein Sternmotor mit neun Zylindern vom Typ Wright R-1820-84D befand sich unter den Piloten vorne im Rumpfbug. Unterhalb des Cockpits lief die Fernwelle mit hydraulischer Kupplung zum Hauptgetriebe. Für Wartungs- und Reparaturarbeiten war der Motor nach dem Öffnen der beiden kuppelförmigen Verkleidungen an der Rumpfnase bequem zugänglich. Der linksdrehende Hauptrotor besaß ebenso wie der Heckrotor vier Blätter. Zur Hangarierung und zum Transport konnten die Hauptrotorblätter und das Hecksegment platzsparend gefaltet werden. Das feststehende breitspurige Radfahrwerk bestand aus einem gefederten Hauptfahrwerk mit freiliegender Verstrebung und einem beweglichen Spornrad am Heck.

Heer, Luftwaffe und Marine entschieden sich 1957 für die Beschaffung der H-34. 145 Einheiten wurden in Auftrag gegeben. Im Frühjahr 1963 erhielt das MFG 5 die ersten Maschinen in der modifizierten Version G-III für den maritimen Such- und Rettungsdienst. Diese waren für den Instrumentenflug ausgerüstet und besaßen ein verstärktes Fahrwerk. Ein Autopilot, die automatische Stabilisierungsanlage ASE und eine Notschwimmeranlage waren weitere Merkmale.

Zwei Sikorsky wurden beim MFG 4 – ebenfalls in Kiel-Holtenau stationiert und dem MFG 5 angegliedert – für die Suche und Räumung von Minen eingesetzt. Dafür waren sie mit schwerem MAD-Schleppgeschirr für den Hohlstabschlepp ausgerüstet. Häufig operierten die beiden Spezial-Helikopter zusammen mit den schwimmenden Minensuch- und -jagdverbänden.

Fünf weitere Hubschrauber waren für die Jagd auf U-Boote ausgerüstet. Dazu bestückte man sie mit einem absenkbaren Tauchsonar sowie zwei akustisch-zielsuchenden Torpedos. Mit Hilfe eines unter dem Rumpf montierten Doppler-Radars waren die Maschinen in der Lage, im Sonar-Modus über einer vorgegebenen Position automatisch zu hovern. Die Kabine war komplett mit schallisolierender Verkleidung ausgeschlagen,

Übung mit dem Flugsicherheitsboot FL 7 des MFG 5.

Rettungseinsatz in eigener Sache: Marine-Sikorsky bei der Bergung einer notgelandeten H-34G der Heeresflieger.

Unten: Kraftstoffübernahme auf dem Fliegerhorst in Nordholz.

sodass die Sonaroperatoren ohne akustische Beeinträchtigungen pingen konnten. Seinerzeit war das MFG 4 beauftragt, mit diesen fünf Spezial-Sikorskys die Grundlagen für ein zukünftiges U-Jagdgeschwader zu legen. 1968 löste man das MFG 4 auf und integrierte seine sieben H-34G beim MFG 5 in den SAR-Dienst.

Im Mai 1973 markierte die Außerdienststellung der ersten drei H-34G den Übergang auf das Nachfolgemodell, den Westland Sea King Mk 41. Anfang 1975 waren noch zehn Sikorskys als Bereitschaftsmaschinen im Einsatz, während der Übungsbetrieb mit 16 Sea Kings auf vollen Touren lief. Am 21. April 1975 verließ die letzte H-34G das Geschwader.

Museumstipp: Die Flugwerft Schleißheim als Teil des Deutschen Museums dokumentiert rund 70 Flugobjekte aus einem Jahrhundert ziviler und militärischer Luftfahrtgeschichte. Die hier ausgestellte Sikorsky H-34G flog bis 1975 beim MFG 5 im Seenotrettungseinsatz über der Ost- und Nordsee. Sie ist die letzte von den Marinefliegern außer Dienst gestellte Maschine dieses Typs. Ihr letzter Flug führte sie direkt vom Fliegerhorst in Kiel-Holtenau ins Museum nach Schleißheim.

Kontakt und Info:
www.deutsches-museum.de

Technische Daten

Hersteller	Sikorsky Aircraft Division of United Aircraft Corporation, USA
Typ	Sikorsky H-34G
Erstflug	20. September 1954
Gebaut ab	1955
Stückzahl	2351
Stückzahl Bundesmarine	27
Motor	Wright R-1820-84D, radial luftgekühlter Sternmotor, 9 Zylinder, 29,9 l Hubraum
Leistung (kW/PS)	1122/1525
Höchstgeschwindigkeit (km/h)	198
Reichweite (km)	450
Dienstgipfelhöhe (m)	2825
Länge (m)	14,25
Höhe (m)	4,86
Durchmesser Hauptrotor (m)	17,07
Durchmesser Heckrotor (m)	2,90
Startmasse (kg)	6169
Leermasse (kg)	3815
Besatzung	2 + 16 Passagiere

Dornier Do 27

Einfach konstruiert, gutmütig im Betrieb: die Dornier Do 27.

Die Do 27 war das erste nach dem Zweiten Weltkrieg in Deutschland in Serie produzierte Flugzeug. Bis 1945 zählten die Dornier-Flugzeugwerke zu den größten und innovativsten Herstellern in Deutschland. Da der Bau von Flugzeugen seitens der Siegermächte verboten war, verlegte Claude Dornier seine Aktivitäten nach Spanien. Dort entstand unter der Leitung seines Sohnes Claudius 1954 für die spanische Armee eine kleine Verbindungsmaschine, die Do 25. Zeitgleich erlangte Deutschland seine Lufthoheit zurück und seitens der in der Gründungsphase befindlichen Bundeswehr lockten lukrative Rüstungsaufträge. Nach den Wünschen der Militärs modifizierte Dornier die Do 25 zur Do 27 und erhielt den Auftrag zum Bau von 428 Maschinen.

Die Belegschaft kehrte aus Spanien zurück und schuf im einstigen Dornier-Flugzeugwerk in München-Neuaubing in Windeseile die Voraussetzungen für die Serienfertigung der Maschinen. Am 17. Oktober 1956 hob die erste Do 27 vom zwischenzeitlich wieder freigegebenen Werksflugplatz in Oberpfaffenhofen ab. Die erste Bundeswehrmaschine übergab Claude

Dornier symbolträchtig im Rahmen eines Staatsakts am 14. Januar 1957 an den damaligen Verteidigungsminister Franz Josef Strauß.

Die Dornier Do 27 war ein freitragender Hochdecker mit einem dreiteiligen Rumpf in Ganzmetallbauweise. Ihr Flügel mit Flügelnase, Flügelende und Vorflügel entstand als Blechkonstruktion, alle Ruder und die Landeklappen bespannte man mit Stoff. Im starren Fahrwerk verbargen sich zwei Luftölfederbeine hinter den Verkleidungen. Das Bremssystem arbeitete hydraulisch.

Unter der Haube arbeitete ein Lycoming GO-480-B1A6 und wirkte auf eine Metall-Verstellluftschraube des Herstellers Hartzeil. Der luftgekühlte, von BMW in Lizenz gebaute Boxermotor mit sechs Zylindern ermöglichte eine Leistungsausbeute von 274 PS. Der Treibstoff befand sich in zwei Tanks mit einem Gesamtvolumen 220 Litern in den Flügeln.

Von den 428 an die Bundeswehr gelieferten Maschinen entsprachen 322 der A-Version. Bei den 106 Do 27 B handelte es sich um eine Ausführung mit doppelter Steuerung und Instrumentierung, vorgesehen als Schulungsmaschine. Für die Marineflieger waren zunächst 14 Dorniers eingeplant. Tatsächlich wurden neun weitere aus einem Lieferungsüberschuss an Heer und Luftwaffe bereitgestellt. Sie kamen bei den Marinefliegergeschwadern 1, 2 und 5 als Kurier-, Verbindungs- und Transportflugzeuge zum Einsatz. Zwischen 1970 und 1972 wurden die Do 27 bei der Bundesmarine ausgemustert.

BMW baute den luftgekühlten Lycoming-Boxermotor in Lizenz.

Do 27 der Bundesmarine über ungewohnter alpiner Kulisse.

Einfach ausgelegtes Do 27-Cockpit.

In Paradeaufstellung am Rand des Rollfelds.

Technische Daten

Hersteller	Dornier-Werke GmbH
Typ	Dornier Do 27
Erstflug	17. Oktober 1956
Gebaut ab	1956
Stückzahl	626
Stückzahl Bundesmarine	23
Motor	Lycoming GO-480-B1A6, luftgekühlter Boxermotor, 6 Zylinder, 7,8 l Hubraum
Leistung (kW/PS)	201,5/274
Höchstgeschwindigkeit (km/h)	248
Reichweite (km)	840
Dienstgipfelhöhe (m)	5500
Länge (m)	9,60
Höhe (m)	2,71
Spannweite (m)	12
Startmasse (kg)	1570
Leermasse (kg)	1046
Besatzung	1 + 4/5 Passagiere

Westland Sea King Mk 41

Mit seiner prägnanten Formgebung gehört der Sea King seit vier Jahrzehnten zum gewohnten Bild an Deutschlands Küsten.

Die Marineflieger fieberten 1975 der Einführung des Sea King Mk 41 mit großen Erwartungen entgegen, galt er seinerzeit als der modernste Seenotrettungshubschrauber der Welt. Bislang agierten die H-34G und die Albatross im Verbund, waren als SAR-Einheiten technisch jedoch überholt. Die Sea King konnte das Einsatzspektrum dieser beiden Maschinen in sich vereinen. Mit zwei unabhängig voneinander arbeitenden Triebwerken und ihrer Schwimmfähigkeit bot sie für die Besatzung ein erhebliches Plus an Sicherheit. Außerdem war der Helikopter nachtbergefähig.

Die US Navy beauftragte 1957 die Sikorsky Aircraft Corporation mit der Entwicklung eines Kampfhubschraubers zur U-Boot-Bekämpfung. Der Prototyp XHSS-2 Sea King Prototyp flog erstmals am 11. März 1959 und ging im September 1962 unter der Bezeichnung Sikorsky S-61 in Serie. Es entstanden über 1500 Einheiten des Typs. Seinerzeit besaß die britische Westland Helicopters Ltd eine langfristige Lizenzvereinbarung mit Sikorsky zur Produktion von Modellen des US-Herstellers in England.

Man griff die S-61 auf und modifizierte sie umfassend. Statt der amerikanischen General Electric-Turbine fungierte ein Rolls-Royce Gnome-Triebwerk mit einem automatischen Triebwerksregler als Antrieb. Sie verfügte über ein Suchradar hinter dem Rotor und die modernste Avionik ihrer Zeit, wobei sämtliche Geräte von englischen Unternehmen stammten. Die britische Sea King flog erstmals 1969 und war ein Jahr später einsatzbereit.

Der für die Bundesmarine gebaute Typ Mk 41 basiert auf der Version HAS.1, die bei der Royal Navy im Anti-U-Boot-Einsatz war. Sie erhielt eine Rettungswinde mit einer Last von 272 Kilogramm und eine Avionik nach den Vorgaben der deutschen Auftraggeber. Optisch sticht sofort ihr prägnanter schiffsartiger Rumpf ins Auge, der aus seewasserbeständigem Leichtmetall besteht. Durch ihn kann der Hubschrauber nach einer kontrollierten oder notfallbedingten Wasserung aufschwimmen, sich mit seinen Turbinen und nach vorne geneigtem Rotor an der Oberfläche bewegen. Um die Maschine platzsparend in einer Halle oder im Schiffshangar abzustellen, ist sie mit einer automatischen Faltanlage für den Hauptrotor und einem klappbarem Hecksegment ausgerüstet. Pilot, Copilot, Luftfahrzeug-Operationsoffizier und Bordmechaniker, gleichzeitig auch der Rettungssanitäter, bilden eine Sea King-Besatzung. Im Rumpfbereich hinter dem Cockpit finden bis zu 19 Personen – sitzend oder auf Tragen gelagert – Platz.

Zwei von Rolls-Royce gebaute Triebwerke vom Typ Gnome H.1400-1T treiben den Mk 41 an. Jedes leistet 1683 PS bei einem Luftdurchsatz von 6,27 Kilogramm pro Sekunde. Dadurch ist eine Höchstgeschwindigkeit von 252 Stundenkilometern möglich. Die Steigrate beträgt 10,30 Meter

Regelmäßig trainieren die Sea Kings die Zusammenarbeit mit den Einheiten der Deutschen Gesellschaft zur Rettung Schiffbrüchiger.

Sea King mit Sonderlackierung anlässlich des 100-jährigen Jubiläums der deutschen Marineflieger.

pro Sekunde. Das Tankvolumen liegt bei 3714 Litern, was eine Reichweite von 1482 Kilometern möglich macht.

Im Alltagsbetrieb ist der SAR-Hubschrauber unbewaffnet, kann aber mit geringem Aufwand mit einem Browning M2 HB-Maschinengewehr ausgerüstet werden. Zur passiven Verteidigung stehen die Scheinziel-Ausstoßanlagen Chaff und Flare M 130 zur Verfügung. Eine Bewaffnung mit SeaKua-Lenkflugkörpern wurde in den 80er-Jahren nach entsprechender Erprobung verworfen.

Gleich zwei Baumuster, die Sikorsky H-34G und die Grumman HU-16 Albatross, ersetzte der Sea King Mk 41. Die Truppenerprobung bei den deutschen Marinefliegern fand ab Februar 1972 statt. Bis Oktober 1975 lieferte Westland vertragsgemäß 22 Sea King Mk 41 an die Bundesmarine. Eine Maschine ging durch den Bedienfehler eines englischen Werkspiloten verloren und wurde durch den Hersteller ersetzt. Im Verteidigungshaushalt schlug die Investition mit 220 Millionen D-Mark zu Buche.

Aktuell sind die Hauptaufgaben der Sea Kings bei der Deutschen Marine der maritime SAR-Dienst, Transportaufgaben, Einsätze im Rahmen der Not- und Katastrophenhilfe, die Beteiligung an Evakuierungsoperationen, Seeraumüberwachung und Aufklärung sowie die Beteiligung an der Überwasserseekriegführung zu. Sie werden außerdem als Bordhubschrauber der Einsatzgruppenversorger der Klasse 702 eingesetzt. In dieser Rolle zeigten sie humanitär und militärisch in Afrika, Asien und im Rahmen von UNIFIL vor dem Libanon Präsenz. Zugeordnet sind die Hubschrauber dem MFG 5, das nach Auflösung des Fliegerhorstes Kiel-Holtenau am 6. November 2012 nach Nordholz verlegt wurde. Sie fliegen ihre Einsätze außerdem von den SAR-Außenstationen in Borkum, Helgoland und Warnemünde aus, wo sie im Bereitschaftsdienst eingesetzt sind.

Doch das Ende der Nutzungsdauer des Sea King Mk 41 ist absehbar: Ersetzt wird er durch den navalisierten Mehrzweckhubschrauber NH90 NTH Sea Lion. Im Juni 2020 nahm das MFG 5 den Flugbetrieb mit den ersten drei von Airbus Helicopters gelieferten Maschinen auf. Bis 2022 sollen alle 18 Sea Lions bei den Marinefliegern in Nordholz angekommen sein.

Hinsichtlich der Bestückung ist das Cockpit äußerst anspruchsvoll.

Interaktion mit U 34, einem hochmodernen Brennstoffzellen-U-Boot der 212 A-Klasse der Deutschen Marine.

Technische Daten

Hersteller	Westland Helicopters Ltd, England
Typ	Westland Sea King Mk 41
Erstflug	11. März 1955
Gebaut ab	1969
Stückzahl	344
Stückzahl Bundesmarine	23
Triebwerk	2 x Rolls-Royce Gnome H.1400-1T
Leistung (kW/PS)	2 x 1683,2
Höchstgeschwindigkeit (km/h)	252
Reichweite (km)	1483
Dienstgipfelhöhe (m)	3050
Länge (m)	22,15
Höhe (m)	5,13
Durchmesser Hauptrotor (m)	18,90
Durchmesser Heckrotor (m)	3,15
Startmasse (kg)	9300
Leermasse (kg)	5393
Besatzung	4

Lockheed P-3C Orion

Acht Seefernaufklärer übernahmen die Marineflieger 2006 von der königlich-niederländischen Marine.

Unter den Luftfahrzeugen der Marineflieger ist die Lockheed P-3C Orion das Dickschiff. Bis zur Einführung des Airbus A400M mit Jettriebwerken war sie das einzige viermotorige und zudem größte Flugzeug der Bundeswehr. In der Ahnenfolge der Marinefliegerei trat sie direkt in die Fußstapfen der ebenfalls viermotorigen Focke-Wulf Condor. Kurios hingegen: Die Orion meisterte ihren Ertsflug bereits zwei Jahre vor ihrer unmittelbaren Vorgängerin, der Bréguet BR 1150 Atlantic!

Die US Navy schrieb 1957 die Entwicklung eines neuen Seefernaufklärers und U-Boot-Jägers aus. Daran beteiligte sich die Lockheed Corporation mit einer militärischen Ausführung ihres Passagier- und Fracht-Verkehrsflugzeug L-188 Electra und erhielt den Zuschlag der Militärs. Am 25. November 1959 fand der Erstflug statt, 1962 begann die Auslieferung der als P-3 Orion bezeichneten Flugzeuge an das US-Militär. Bis zum Produktionsende 1990 fertigte man 647 Exemplare in den USA und weitere 107 Lizenzbauten bei Kawasaki in Japan mit mehr als 30 Untervarianten.

Gegenüber der zivilen Elektra wurde im Leichtmetall-Rumpf ein zusätzlicher Tank mit einem Volumen von 10 015 Litern eingebaut. In späteren Varianten erhöhte man das maximale Abfluggewicht und verbaute stärkere Triebwerke. Weitere prägnante Unterschiede sind der Bombenschacht im Rumpf, vier Beobachtungskuppeln anstatt Fenstern sowie die Aufhängungspunkte

Regelmäßig kommen die deutschen P3C Orion bei internationalen Operationen zum Einsatz.

für Bewaffnung unter den Tragflächen. Sofort ins Auge fällt der als Stachel bezeichnete Ausleger am Heck, in dem das MAD-Ortungssystem zur Erkennung magnetischer Anomalien im Wasser verbaut ist. Die beiden Tragflächen nehmen die Treibstofftanks mit einem Gesamtvolumen von zusätzlichen 24 806 Litern und das hydraulisch einziehbare Hauptfahrwerk auf. Das zwillingsbereifte Bugfahrwerk wird auf gleiche Weise nach dem Start in den Rumpf unter dem Cockpit gezogen.

Angetrieben werden die Orions der Deutschen Marine von vier Turboprop-Wellenturbinen vom Typ Rolls-Royce T56-A-14 Allison mit einer Leistung von zusammen 18 400 PS. Sie wirken auf Hamilton-Standard-Propeller mit einem Durchmesser von jeweils 4,11 Metern. Bei der P-3C kann zur Steigerung der Stehzeit im Einsatzgebiet ein Triebwerk – in Extremsituationen sogar zwei Triebwerke – abgestellt werden. So wird der Kraftstoffverbrauch gesenkt und die Einsatzdauer erhöht.

Neben den beiden Piloten und dem Flight Engineer im Cockpit arbeiten neun weitere Besatzungsmitglieder in der Zelle: der Flugelektroniker, der taktische Koordinator, der Navigator/Funker sowie zwei Überwasser- und drei Unterwasseroperateure. Sie bedienen die umfangreiche Sensorik inklusive aktivem und passivem Sonar, Radar, einem Kamerasystem zur elektrooptischen Aufklärung mit Video und Infrarot, den IFF-Interrogator zur Freund-Feind-Erkennung von Luftzielen und zur Ergänzung des Lagebildes sowie die MAD-Komponente.

Das Cockpit ist für Langstreckenflüge entsprechend großzügig dimensioniert.

In Dschibuti am Horn von Afrika im Rahmen der EU-geführten Mission „Atalanta".

Dazu kommen Systeme für elektronische Unterstützungsmaßnahmen, das Flugkörperwarnsystem sowie Täuschkörper in Form von Chaff (Radar) und Flares (Infrarot). Im hinteren Bereich der Kabine befinden sich die Abwurfschächte für die bis zu 87 an Bord befindlichen Sonarbojen. Außerdem eine kleine Küche und ein WC.

Die Kampfmittelzuladung von maximal 9072 Kilogramm verteilt sich auf acht Stationen innerhalb des fünf Meter langen internen Waffenschachts hinter dem Bugrad und an zehn Außenlaststationen unter den Tragflächen. Je nach Einsatzauftrag können die Orions Torpedos, Minen, Bomben und Lenkwaffen mitführen.

Die Deutsche Marine beschaffte 2006 acht Lockheed P-3C Orion aus dem Bestand der königlich-niederländischen Marine als Ersatz für die über 40 Jahre alte Bréguet BR1150 Atlantic. Die Ausgaben für die gerade umfangreich modernisierten Maschinen inklusive Peripherie und Simulator beliefen sich auf 271 Millionen Euro. Also Stückkosten pro Einheit von 33 Millionen Euro. Kein schlechtes Geschäft gegenüber einem Neukauf.

Stationiert sind die acht Orions beim MFG 3 „Graf Zeppelin" in Nordholz. Als Aufgaben sind für sie die weiträumige luftgestützte Überwachung und Aufklärung über und unter Wasser sowie über Land definiert. Im Waffeneinsatz wirkt sie gegen Ziele unter Wasser und kann bei entsprechender Bewaffnung auch gegen Überwasserziele eingesetzt werden. Sie findet außerdem zur Führungsunterstützung, bei Hilfs- und Sonderaufgaben sowie bei SAR-Einsätzen Ver-

Konsolenarbeitsplatz für einen der sechs Operateure.

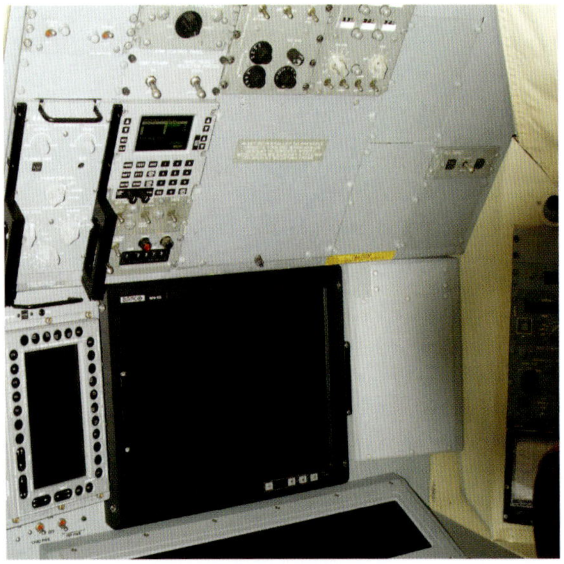

Rechts: Hinter der Bugnase verbirgt sich hochmoderne Aufklärungselektronik.

wendung, oftmals im NATO-Verbund. In ihrer Eigenschaft als fliegende Operationszentrale fällt der Lockheed P-3C Orion mit ihrem breiten Leistungsspektrum eine universelle Rolle zu. Gerade bei den internationalen Missionen konnte sie, basierend auf dem hohen Ausbildungsniveau ihrer Besatzungen, die gesamte Bandbreite ihres Könnens unter Beweis stellen.

In der Geschichte der Marineflieger trat die viermotorige P-3C in die Fußstapfen der Focke-Wulf Fw 200 Condor.

Technische Daten	
Hersteller	Lockheed Corporation, USA
Typ	Lockheed P-3C Orion
Erstflug	25. Oktober 1959
Gebaut ab	1961
Stückzahl	754
Stückzahl Bundesmarine	8
Triebwerk	4 x Rolls-Royce T56-A-14 Allison, Turboprop-Wellenturbinen
Leistung (kW/PS)	4 x 3383/4600
Höchstgeschwindigkeit (km/h)	761
Reichweite (km)	7000
Dienstgipfelhöhe (m)	9144
Länge (m)	35,61
Höhe (m)	10,4
Spannweite (m)	30,36
Startmasse (kg)	61 235
Leermasse (kg)	ca. 30 000
Besatzung	11

Breguet BR 1150 Atlantic

Sigint-Variante der BR 1150 zur Elektronischen- und Fernmeldeaufklärung, gut zu identifizieren an der schwarzen Signalantenne in der Mitte der Rumpfunterseite.

Technologisch und taktisch befand sich die U-Boot-Jagd in den 50er- und 60er-Jahren im Umbruch. Dass die Fairey Gannet als Einsatzmittel dieser Aufgabe nur eingeschränkt gewachsen war, wusste die Marineführung schon bei ihrer Beschaffung. Moderne Ortungsverfahren setzen neue Maßstäbe, gleichzeitig stieg das Bedrohungspotential durch strategische Unterwasserstreitkräfte, ausgerüstet mit weitreichenden ballistischen Raketen. Mit der Breguet Atlantic besaß die Bundesmarine ab 1965 ein leistungsfähiges Gegengewicht zur latenten Bedrohung vornehmlich durch sowjetische U-Boote, von denen seinerzeit eine permanente geostrategische Gefahr ausging.

Der NATO-Rat beschloss 1956 die Entwicklung eines einheitlichen Seefernaufklärungs- und U-Boot-Abwehrflugzeugs für die Mitgliedstaaten des transatlantischen Militärbündnisses. 26 Hersteller beteiligten sich an der Ausschreibung. Einstimmig angenommen wurde am Ende der Entwurf von Breguet. Es kam zur Gründung des Konstruktions-Konsortiums SECBAT.

An der Produktion des Seefernaufklärers – Maritime Patrol Aircraft im NATO-Sprachgebrauch oder kurz MPA – beteiligten sich verschiedene europäische Firmen: Bei Dornier entstanden Rumpfheck und Leitwerk, Breguet baute Cockpit, Rumpfvorderteil und Rumpfmittelteil, Fokker lieferte das Flügelmittelstück inklusive der Triebwerksgondeln und Rolls-Royce die Propellerturbinen. Für die Endmontage zeichnete sich wiederum Breguet verantwortlich. Der Erstflug der BR 1150 fand am 21. Oktober 1961 statt. 1963 startete die Serienfertigung und lief bis 1974. Bei der Breguet BR 1150 Atlantic handelt es sich um einen freitragenden Mitteldecker mit Ganzmetall-Schalenrumpf, dessen oberer Teil als klimatisierte Druckkabine ausgeführt war. Sie nimmt die Bugkanzel, das Cockpit, die taktische Auswertzentrale sowie Ruheräume, WC, Küche und die Heckbeobachterstation auf. Die Fahrwerk- und Waffenschächte lagen ohne Druckausgleich im unteren Bereich.

Die beiden Rolls-Royce Tyne RTY.20 Mk 21-Triebwerke waren zu ihrer Zeit die stärksten Propellerturbinen der westlichen Welt. Jede für sich hatte eine Leistung von 6118 PS. Wegen der relativ geringen Lärmemissionen wurden die Breguets auch als flüsternde Riesen bezeichnet.

Im Regelfall befand sich neben den beiden Piloten eine zehnköpfige Besatzung an Bord. Die Operatoren arbeiteten an Bildschirmen und Konsolen, bedienten die Sensoren und werteten Daten aus. Hinzu kamen der Navigations- und der Operationsoffizier, bei denen alle einsatzstrategischen Fäden zusammenliefen. Komplettiert wurde das Team durch Funker, Navigator und Bordmechaniker. Für die optische Aufklärung im Nahbereich fand ein Beobachter Platz in der verglasten Bugnase und an den beiden Stationen im hinteren Bereich der Zelle. Alle Beobachterstationen zeichneten sich durch stark gewölbte Scheiben und damit verbunden einer guten Rundumsicht aus. Die strebenfreie Bugverglasung war für die damalige Zeit einzigartig.

Breguet Atlantic mit Sonderlackierung.

Gegnerische U-Boote konnten mittels eines MAD-Ortungssystems, abwerfbaren Sonarbojen und einem Seeüberwachungsradar mit 360 Grad Rundumsicht geortet werden. Die dazugehörige Antenne befand sich in einem ausfahrbaren Radom an der Bugunterseite. Das unterstützende EMS-System erfasste die Radarstrahlung von Objekten auf große Distanzen, konnte diese analysieren und zuordnen.

Hinsichtlich der Bewaffnung waren die MPAs für den Abwurf von zielsuchenden Torpedos der Typen Mk 44 und Mk 46 sowie von Wasserbomben ausgelegt. Bis 1981 bestand die Möglichkeit einer Bestückung mit je zwei Lenkflugkörpern AS-12 unter den Tragflächen. Eine Armierung war nur für den Kriegseinsatz und bei Manövern vorgesehen, da sich die tonnenschwere Zusatzbeladung negativ auf Reichweite und Flugdauer auswirkte.

1978 überschlug sich eine Atlantic beim Landemanöver – es entstand Totalschaden, die Besatzung überlebte.

Hochkonzentriert unmittelbar vor dem Start auf dem Fliegerhorst in Nordholz.

Das MFG 3 hatte neben den konventionellen Seefernaufklärern fünf spezialisierte Breguet Atlantic vom Typ BR 1150 M im Einsatz. Diese sogenannte Sigint-Variante diente zur Elektronischen- und Fernmeldeaufklärung, um die Arbeitsfrequenzen der Radar- und Feuerleitsysteme sowie die Kommunikationssysteme des Warschauer Pakts im täglichen Betrieb, bei Übungen und Manövern auszuspähen. Gut zu identifizieren waren die BR 1150 M an der im Waffenschacht untergebrachten Signalantenne und zwei langen Antennen unter den Tragflächen.

Neben der U-Boot-Jagd gehörten Aufklärung und Seeraumüberwachung zu den Kernaufgaben.

Der Beschaffungsbeschluss des Verteidigungsministeriums für die Atlantic fiel am 21. Oktober 1958, Mitte 1963 erteilte man den Auftrag zur Lieferung von 20 der neuen MPAs für die Marineflieger. Der Stückpreis dafür lag bei 18,5 Millionen D-Mark. Soviel musste Bonn seinerzeit für ein U-Boot, drei Starfighter oder 18 Panzer auf den Tisch blättern. Der Systempreis lag sogar bei 22,5 Millionen D-Mark.

Die erste von 20 Breguet Atlantic traf am 10. Dezember 1965 beim MFG 3 ein, die letzte Maschine am 11. Juni 1969. Zwischen 1969 und 1971 baute man fünf von ihnen in den USA zu bereits erwähnten Sigint-Messflugzeugen um. Ein Seefernaufklärer verunglückte 1978 während eines Trainingsfluges und musste als Totalschaden verbucht werden. 1979 erwarb die Bundesmarine außerdem einen nicht mehr flugfähigen Prototyp für den technischen Ausbildungsbetrieb zur Marineflieger-Lehrgruppe nach Westerland auf Sylt.

Von 1981 bis 1986 erfolgte eine umfangreiche Kampfwertsteigerung, wobei ein neues Radar integriert und die Missionsanlage auf den neuesten technischen Stand gebracht wurde. Ab 1995 gab es eine erneute Modernisierung, diesmal im Bereich der Komponenten Navigations- und Kommunikationstechnik und an den beiden Stationen im hinteren Bereich der Zelle.

Mit der Übernahme der Lockheed P-3C Orion 2006 lief die Breguet-Ära nach vier Jahrzehnten aus und endete schließlich 2010 mit der Außerdienststellung der letzten Sigint-Maschine.

Museumstipp: Seit dem 21. Oktober 2009 steht die Breguet BR 1150 Atlantic mit der Kennung 61+06 als Torwächter vor der Hauptzufahrt zum Marinefliegerstützpunkt in Nordholz. Auf ihrem Leitwerk trägt sie eine spezielle Lackierung mit dem stilisierten Porträt von Graf Zeppelin, dem Namensgeber des Geschwaders. Die letzte noch im Dienst stehende Breguet Atlantic war die 61+03. Sie hatte im Rahmen des Airday 2010 ihren letzten Flug, wurde anschließend außer Dienst gestellt und zerlegt. Ihr Seitenleitwerk steht seitdem vor der Offiziermesse des Marinefliegerstützpunktes Nordholz.

Kontakt und Info:
www.bundeswehr.de

Technische Daten

Hersteller	Dassault-Breguet, Frankreich
Typ	Breguet BR 1150 Atlantic
Erstflug	21. Oktober 1961
Gebaut ab	1963
Stückzahl	70
Stückzahl Bundesmarine	20 + 1 (für Techniker-Ausbildung)
Triebwerk	2 x Rolls-Royce Tyne RTY.20 Mk 21, Propellerturbinen
Leistung (kW/PS)	2 x 4500/6118
Höchstgeschwindigkeit (km/h)	650
Reichweite (km)	8000
Dienstgipfelhöhe (m)	9145
Länge (m)	31,75
Höhe (m)	11,36
Spannweite (m)	38,06
Startmasse (kg)	43 500
Leermasse (kg)	25 700
Besatzung	12

Dornier Do 28-D2 Skyservant

Do 28 D2 in der Ausführung als Öljäger, gut zu erkennen an der stabförmigen Antenne unterhalb des Rumpfs.

Ihre Formgebung wirkte behäbig, in der fliegerischen Praxis überzeugte sie als unverwüstliches Arbeitspferd: die Dornier Do 28-D2 Skyservant. Ab April 1972 erhielt das MFG 5 insgesamt 20 Exemplare dieser fliegenden Alleskönner. Über zwei Jahrzehnte lang blieben die „Bauernadler", wie sie augenzwinkernd betitelt wurden, im Dienst.

Ziel von Dornier war es, mit der Do 28 an die mit der Do 27 erzielten wirtschaftlichen Erfolge anzuknüpfen. In weiten Teilen auf dem Vorgänger basierend, konnte sich die zweimotorige Maschine in den ersten Versionen Do 28 A und B nicht gegen die internationale Konkurrenz durchsetzen. Lediglich 121 dieser Mehrzweckflugzeuge kamen, hauptsächlich in Schwellenländern, zum Einsatz. Also begann Dornier 1965 mit der Entwicklung eines nahezu neuen Flugzeugs, der Do 28-D1 Skyservant. Zwar übernahm der Hersteller wesentliche Konstruktionsmerkmale des Vorgängers, erweiterte das Leistungs- und Anforderungsprofil jedoch wesentlich. Durch den kastenförmigen Rumpf stieg das Platzangebot enorm. Zwölf Passagiere konnten nun befördert werden, womit sich die neue Do 28 zu einem kleinen Passagierflugzeug entwickelte. Die D1 sollte als Zubringer, Frachtmaschine, Lufttaxi oder Linienflieger auf Kurzstrecken eingesetzt werden. Vor allem aber die Absatzmärkte in Afrika und Südamerika hatte Dornier im Auge, wo die Skyservant ihre Trumpfkarten, kurze Starts und Landungen auf unbefestigten Flugplätzen, ausspielen konnte.

Die Politik machte Dornier mit einschneidenden Beschränkungen für den Export technologischer Güter in Entwicklungs- und potentielle Krisenländer überraschend einen Strich durch die Rechnung. Doch zur Kompensierung der Verluste gab es einen lukrativen Staatsauftrag aus dem

Verteidigungsministerium. Nach Erarbeitung einer Spezifizierung für die Bundeswehr entstand die Dornier Do 28-D2 Skyservant als leichtes Transport- und Verbindungsflugzeug. Von 1971 bis 1974 baute Dornier 121 Skyservant D2 für die Bundeswehr – 101 für die Luftwaffe und 20 für die Marine. Sie ersetzten die Do 27, die Percival Pembroke und die Piaggio P-149D.

Ausgeführt war die Do 28-D2 in Ganzmetallbauweise als Schulterdecker mit starrem Hauptfahrwerk und Spornrad. Sie war universell einsetzbar: bei Tag und Nacht, unter Sicht- und Instrumentenflugbedingungen, auf betonierten und unbefestigten Pisten. Als Antrieb dienten zwei luftgekühlte Boxermotoren Lycoming O-540-A-1E mit mechanischen Ladeluftkompressoren und jeweils 375 PS Leistung. Die Treibstofftanks im hinteren Teil der Triebwerksgondeln fassten je 447 Liter Flugbenzin F-18. Zehn Maschinen der Marineflieger erhielten festinstallierte Zusatztanks unter den Tragflächen mit einem Volumen von jeweils 234,50 Litern. Damit wurde die Reichweite auf 2100 Kilometer praktisch verdoppelt.

Alle Bedienelemente und Armaturen für den Sicht- und Instrumentenflug waren im Cockpit doppelt ausgeführt. Der Lade- und Passagierraum füllte das ganze Mittelsegment. Er war flexibel gestaltbar, bot Platz für ein Dutzend Passagiere, fünf verwundete Personen auf Tragen oder 500 Kilogramm Nutzlast. Eine von der Flugbereitschaft eingesetzte VIP-Variante war komfortabler ausgestattet, verfügte über Teppichboden, sechs bequeme Sessel und einen Konferenztisch.

Gut zu erkennen sind die Zusatztanks unter den Tragflächen.

Die Skyservant war Mädchen für alles, ein fliegendes Arbeitstier.

Einwinken in die Parkposition nach der Landung.

Der Zulauf der 20 Dornier Do 28-D2 Skyservant beim MFG 5 in Kiel-Holtenau erfolgte 1972. Ihr vielschichtiges Anforderungsprofil war klar definiert: Sie kamen als Verbindungsflugzeuge zwischen Führung und Truppe zum Einsatz, außerdem zum Transport von Truppenangehörigen, Versorgungsgütern, Ersatzteilen für die Flotte und die anderen Marinefliegergeschwader sowie Kranken und Verwundeten. Hinzu kamen die Aufgabenstellungen der küstennahen Seeraumüberwachung, Nahaufklärung, Eisüberwachung, Ausbildung und als SAR-Mittel zweiten Grades.

Zwei Skyservants wurden mit speziellem Hightech-Equipment zur Lokalisierung und Dokumentation von Meeresverschmutzungen in Nord- und Ostsee ausgerüstet. Die beiden Ölaufklärer waren dem MFG 5 zugeordnet und nahmen am 1. Januar 1986 ihren Dienst auf. Sie ermittelten in den Folgejahren eine Vielzahl von Umweltsündern. Noch wichtiger war der deutliche Rückgang von toxischen Verunreinigungen durch ihre reine Präsenz. Nach dem ersten Irak-Krieg wurden die beiden Öl-Dos Anfang 1991 im Persischen Golf eingesetzt, um die von den Irakern vorsätzlich herbeigeführten Ölverschmutzungen aufzuklären.

In den 90er-Jahren endete die Ära der Skyservants. Die Mehrzweckmaschinen waren bereits ausgemustert, als im Dezember 1995 die beiden Öl-Dorniers durch die Do 228 ersetzt wurden. Im Februar 1998 ging die einzig noch verbliebene Maschine mit Bundeswehrregistrierung bei der Wehrtechnischen Dienststelle außer Dienst.

Doppelt ausgelegtes Cockpit.

Museumstipp: Wer eine Dornier Do 28-D2 Skyservant vis-à-vis erleben möchte, dem sei das Dornier Museum in Friedrichshafen am Bodensee ans Herz gelegt. Das hier ausgestellte zweimotorige Mehrzweckflugzeug war einst für die Luftwaffe im Einsatz. Interessant sind in diesem Zusammenhang die weiteren im Museum präsentierten Dorniers, anhand derer die Entwicklungsgeschichte der Skyservant deutlich wird. Sowohl die Vorgänger Do 27 und Do 28 A können begutachtet werden, außerdem mit der Do 228 auch der unmittelbare Nachfolger.

Kontakt und Info:
www.dorniermuseum.de

Technische Daten	
Hersteller	Dornier GmbH
Typ	Dornier Do 28-D2 Skyservant
Erstflug	23. Februar 1966
Gebaut ab	1971
Stückzahl	125
Stückzahl Bundesmarine	20
Motor	2 x Lycoming O-540-A-1E, luftgekühlter Boxermotor, 6 Zylinder, 8,87 l Hubraum
Leistung (kW/PS)	2 x 263/375
Höchstgeschwindigkeit (km/h)	325
Reichweite (km)	1050
Dienstgipfelhöhe (m)	7500
Länge (m)	11,41
Höhe (m)	3,90
Spannweite (m)	15,55
Startmasse (kg)	3846
Leermasse (kg)	2346
Besatzung	2/3 + 12 Passagiere

Westland Mk 88 Sea Lynx

Das Waffensystem Sea Lynx ist das fliegende Auge der Schiffsverbände.

Die Einheiten der Marineflieger operierten bis zur Einführung des als integraler Bestandteil des Systems „Fregatte" wirkenden Bordhubschraubers Sea Lynx nahezu ausschließlich von Land aus. Erfahrungen mit schiffsgestützten Luftfahrzeugen gab es nicht. Man kann also sagen, dass dieses Waffensystem in unmittelbarer Ahnenfolge zur Arado Ar 196, dem Flettner Fl 282-Hubschrauber und der Focke Achgelis Fa 33 steht.

Mitte der 60er-Jahre begannen die Ingenieure bei der britischen Westland Helicopters Ltd mit der Entwicklung eines leichten Militärhubschraubers. Er sollte die Typen Westland Scout und Wasp ersetzen und auf dem internationalen Markt eine moderne Alternative zur Bell UH-1D bieten. Erstmals in der Luft befand sich der Lynx-Prototyp am 21. März 1971. Die Auslieferung der Serienmodelle vom Typ AH.1 an die britische Armee begann 1977. 1981 folgte die navalisierte Version HAS.2 für die Royal Navy, 1986 wurde mit 401 Stundenkilometern der Geschwindigkeits-Weltrekord für Hubschrauber aufgestellt.

Das Verteidigungsministerium in Bonn orderte 19 Sea Lynx mit der Typbezeichnung Mk 88, die 1981 in Dienst gestellt wurden. Es folgten 1996 sieben Exemplare in der modifizierten Version Mk 88A zum Stückpreis von rund 40 Millionen D-Mark. Ab 1998 wurden die Mk 88-Modelle mit einem Investitionsvolumen von etwa 500 Millionen D-Mark auf Mk 88A-Standard hochgerüstet, das optimierte Triebwerke und ein 360-Grad-Seeraum-Aufklärungsradar mit TWS-Funktion einschloss.

In seiner Ausführung entspricht der deutsche Typ Mk 88A weitgehend dem britischen HAS Mk 8. Rumpf und Hecksegment sind aus Leichtmetall hergestellt. Das dreirädrige Fahrwerk ist nicht einziehbar, verfügt aber über lange Federwege, um auch härtere Deckslandungen bei schwerem Seegang zu meistern. Damit der Hubschrauber mit Heckrotorschub auf dem Landedeck gedreht werden kann, ist das Bugfahrwerk hydraulisch drehbar. Harpune wird die Deckverriegelungsanlage genannt, mit der sich der Sea Lynx – besonders bei Krängungen der Fregatte bei hohen Wellen – im Grid des Landedecks festkrallt.

Die beiden Turbowellen-Triebwerke vom Typ Gem 42-1, in der Truppe als Gem Mk1017 bezeichnet, wurden von Rolls-Royce speziell für den Sea Lynx entwickelt. In der Grundanordnung handelt es sich um einen vierstufigen axialen Niederdruck-Kompressor, der von einer einstufigen Turbine angetrieben wird und einen Zentrifugal-Hochdruck-Kompressor auflädt. Dieser wird wiederum von einer einstufigen Hochdruck- Turbine angetrieben. Das Gas wird hinter der Brennkammer zweimal um 180 Grad umgelenkt. Aufgrund der kompakten Bauart und des vergleichsweise unkomplizierten Anschlusses an das Hauptgetriebe, die Zelle und das Leitungssystem kann das Triebwerk auch im Schiffshangar innerhalb weniger Stunden gewechselt werden. Es kommt komplett ohne elektronische Regelung aus. Die Kraftstoff-Regulierung funktioniert hydropneumatisch-mechanisch und ist damit unempfindlich gegen einen Ausfall der Bordelektrik. Laut Hersteller beträgt der Kraftstoffverbrauch beider Triebwerke rund 300 Kilogramm pro Stunde. Alle 20 Minuten prüfen die Piloten den Verbrauch, der bei der U-Boot-Jagd mit vielen Schwebeflugminuten deutlich höher ist. Die vier BERP-Blätter des Hauptrotors können gefaltet werden, um platzsparend im Hangar an Bord oder auf dem Fliegerhorst parken zu können.

Manöver mit dem Minenjagdboot M-1091 „Kulmbach".

Ebenso wie das Triebwerk ist auch die Flugsteuerung hydraulisch-mechanisch ausgeführt und damit unempfindlich gegen den Ausfall der Bordelektrik. Das prägnante Radom auf der Unterseite der Rumpfnase nimmt die Antenne des Sea Spray- 3000-Radarsystems auf, das eine 360 Grad Rundumsicht ermöglicht. Für die Nachtsichtfähigkeit ist der Sea Lynx mit einem Infrarotsystem FLIR – Forward Looking Infrared – ausgerüstet, das insbesondere bei nächtlichen Rettungsmissionen sehr hilfreich ist. Durch GPS-Integration erhöht sich die Leistungsfähigkeit der

In der 100-Jahre-Marineflieger-Sonderlackierung.

Jede Menge Hightech im Cockpit.

Navigationsanlage. Für ihre Primäraufgabe, die U-Boot-Jagd, ist der Helikopter mit einem tiefenvariablen Dipping-Sonar für die aktive Ortung von U-Booten sowie mit ein oder zwei Torpedos zu deren Bekämpfung ausgerüstet. Außerdem zählt ein schweres Maschinengewehr vom Typ FN Herstal M3M zur möglichen Bewaffnung. Zum Angriff auf Überwasserziele kamen bis 2011 Sea Skua-Seezielflugkörper zum Einsatz.

Bahnbrechend war bei der Einführung des Sea Lynx seine Flugregelanlage, im Volksmund Autopilot genannt. Sie korrigiert und dämpft die optionalen Steuereingaben des Piloten, kann diese komplett durch elektronische Bedienung ersetzten. Auch Manöver wie die Positionseinnahme zum Dippen des Sonars kann automatisch erfolgen. Eine weitere Besonderheit des Hubschraubers ist seine Notschwimmanlage mit vier Schwimmkörpern, die bei Salzwasserkontakt automatisch aufgeblasen werden.

Zu den Nebenaufgaben des Waffensystems Sea Lynx gehören Transporte von Personal und Material sowie der SAR-Dienst innerhalb eines Schiffsverbandes. Auch das Verbringen von Boarding Teams, Kampfschwimmern oder Spezialkräften durch Fast Roping oder Freifallschirm ist möglich und wird häufig trainiert. Je nach Einsatzspezifizierung montiert das technische Personal einen entsprechenden Rüstsatz: die geforderte Bordwaffenkonfiguration, Tauchsonaranlage, Bergungswinde oder Außenlastgeschirr für Transportzwecke.

Für die Bewältigung komplexer Seekriegsszenarien sind die Lynx-Besatzungen hervorragend trainiert. Sie sind das fliegende Auge der Schiffsverbände. Das von ihnen ermittelte Lagebild wird in der Operationszentrale ihrer Fregatte zu einer Gesamtlage zusammengefügt, auf deren Basis die effektivsten einsatztaktischen Entscheidungen getroffen werden. Üblicherweise fliegen zwei Sea Lynx im Verbund: Einer klärt auf, der andere agiert als Waffenträger.

Heimat der Sea Lynx-Hubschrauber ist die 3. Bordhubschrauberstaffel des MFG 5 in Nordholz, nachdem sie von 1981 bis 2012 dem MFG 3 „Graf Zeppelin" zugeordnet waren. Wegen der permanent wachsenden Beteiligung der Bundeswehr an internationalen militärischen Aufgabenstellungen sowie der Indienststellung modernerer Fregatten gewann das Waffensystem zunehmend an Bedeutung. Doch nach fast vier Jahrzehnten Nutzungsdauer ist das Ende der Lynx-Ära in Sicht. Der Beginn ihrer Außerdienststellung ist ab 2025 vorgesehen. Von den insgesamt 26 beschafften Sea Lynx-Waffensystemen gingen 4 bei Unfällen verloren, wobei 3 Soldaten ums Leben kamen.

Als Nachfolger des Sea Lynx entschieden sich Militär und Politik für den von Airbus zum mehrrollenfähigen Fregattenhubschrauber weiterentwickelten Sea Lion, der die Bezeichnung NH90 NATO Frigate Helicopter (NFH) Sea Tiger tragen wird.

Sea Lynx mit Sea Skua-Seeziel-flugkörpern.

Technische Daten

Hersteller	Westland Helicopters Ltd, England
Typ	Sea Lynx Mk 88A
Erstflug	21. März 1971
Gebaut ab	1969
Stückzahl	ca. 500
Stückzahl Bundesmarine	26
Triebwerk	2 x Rolls-Royce Gem 42-1 Mk 1017
Leistung (kW/PS)	2 x 746/1014
Höchstgeschwindigkeit (km/h)	330
Reichweite (km)	550
Dienstgipfelhöhe (m)	3600
Länge (m)	15,24
Höhe (m)	3,67
Durchmesser Hauptrotor (m)	12,80
Durchmesser Heckrotor (m)	2,36
Startmasse (kg)	5330
Leermasse (kg)	3290
Besatzung	3

Panavia PA-200 Tornado

Zwei Triebwerke, zwei Mann Besatzung: der Tornado entsprach exakt den Vorstellungen der Marineflieger.

Dieser Jet besaß all jene Fähigkeiten, die man bei den Marinefliegern schon immer auf dem Wunschzettel hatte: Zwei Strahlentriebwerke boten gegenüber dem Starfighter ein erhebliches Plus an Sicherheit. Sämtliche Arbeiten im Cockpit teilte sich der Pilot fortan mit seinem Backseater. Die Panavia PA-200 Tornado war ein waschechtes Multi-Role Aircraft, kurz als MRCA und zu Deutsch als Mehrzweckkampfflugzeug bezeichnet. Der Pilot konzentrierte sich auf den Flug, die Instrumente und die Manöver, wodurch seine volle Aufmerksamkeit gefordert war. Im hinteren Cockpit hatte der Waffensystemoffizier die Verantwortung für die Navigation, den Funk, sowie die Einleitung von Waffeneinsätzen und die Bedienung der Selbstschutzausrüstung.

Zeitgleich mit der Einführung des Lockheed F104G begannen bereits die Überlegungen über dessen Nachfolger mit der Konzeption eines Mehrzweckkampfflugzeugs namens Multi-Role Aircraft 75. Geplant war ein Jet, der die Einsatzszenarien konventioneller und nuklearer Luftangriffe, Luftaufklärung und Seekriegsführung abdecken konnte. Und das bei höchster Durchsetzungs- und Überlebensfähigkeit, verbunden mit extremen Tiefflugeigenschaften, präzisem Waffeneinsatz und Einsatzfähigkeit in allen Wettersituationen bei Tag und Nacht. Das Anforderungsprofil umfasste eine effektive Selbstschutzausstattung und ebenso die Fähigkeit, unter provisorischen Bedingungen sicher starten und landen zu können.

PA-200 Waffendisplay.

Die Projektphase lief unter dem Dach der NAMMO, einer multinationalen Interessenvertretung und der NATO. Verantwortlich für die Produktion war die Panavia Aircraft GmbH, die ihren Sitz in Hallbergmoos in Oberbayern hatte. Am 14. August 1974 fand der Erstflug des MRCA statt, erst zwei Jahre später bekam es den Namen Tornado. 1980 lieferte Panavia den ersten Tornado für Ausbildungszwecke ab, die Ausrüstung der Streitkräfte Großbritanniens und Deutschlands lief 1982 an.

Der Panavia PA-200 Tornado entstand in seinen beiden Hauptausführungen IDS als Jagdbomber und ADV für die elektronische Kampfaufklärung. Hiervon gab es wiederum verschiedene Konfigurationsvarianten für speziell durch den Auftraggeber definierte Aufgabenstellungen. Die einzelnen Baugruppen des Tornados wurden von Messerschmitt-Bölkow-Blohm, die British Aircraft Corporation und Fiat Aviazione arbeitsteilig hergestellt. Die Endmontage lief im oberbayerischen Manching, im britischen Warton sowie in Turin in Italien. Bis 1992 erhielt die Bundeswehr insgesamt 357 Tornados. Großbritannien hatte 398 Maschinen im Einsatz, Italien 100 und Saudi-Arabien 120 Exemplare.

Beim Tornado handelte es sich um einen Schulterdecker mit Schwenkflügeln, dessen Zelle aus Leichtmetall, Stahl und Titan gefertigt war. Die Pfeilung der Tragflächen konnte vom Piloten verändert werden, wodurch kurze Start- und Landerollwege bei relativ niedrigen Geschwindigkeiten mit niedrigen Winkeln möglich waren. Bei hohen Schwenkwinkeln waren entsprechend hohe Fluggeschwindigkeiten möglich. Die gegenläufig ansteuerbaren Höhenruder an den Tragflächen übernahmen zudem die Funktion des Querruders. Das Hauptfahrwerk und das steuerbare Zwillings-Bugrad waren hydraulisch ein- und ausziehbar.

Die beiden Triebwerke vom Typ Turbo Union RB.199-34R Mk.103 verfügten über Nachbrenner und Schubumkehr. So konnte die Landestrecke verkürzt und auf einen Bremsschirm verzichtet werden. Die Höchstgeschwindigkeit lag bei theoretischen Mach 2,2, doch hatte man die Triebwerke der deutschen Tornados zur Verlängerung der Lebensdauer in ihrer Leistung gedrosselt, was mit einer Reduzierung auf etwa Mach 1,1 einherging.

Der Tornado war das weltweit erste Kampfflugzeug mit dreifach ausgelegtem Fly-by-wire-System und integriertem Autopiloten. Sämtliche verfügbaren Daten wie Kurs, Höhe, Beschleunigung, Konfigurationen konnten über einen Zentralrechner elektronisch an die jeweiligen Aktoren verteilt werden. Ein Head-Up-Display im vorderen Cockpit projizierte die Informationen der Hauptinstrumente sowie der Navigationssysteme ins Sichtfeld des Flugzeugführers und diente als Visiereinrichtung beim Waffeneinsatz. Ein Radarwarnempfänger meldete Bedrohungslagen. Die Voraussetzung für Tiefflüge bis zu 60 Metern über dem Boden bei schlechten Sichtbedingungen schaffte das mit dem Autopiloten kombinier-

Manueller Tiefflug war mit dem Jet bis zu 30 Metern Höhe möglich.

te Geländefolgeradar. Bis zu einer Höhe von 30 Metern flogen die Piloten manuell.

Zwei Maschinenkanonen Mauser BK 27 bildeten die Grundarmierung des Tornados. Weitere Waffen konnten an den Aufhängepunkten an der Unterseite montiert werden: Lenkflugkörper, Bomben oder Kanistermunition mit einem maximalen Gesamtgewicht von neun Tonnen. Ausgelöst wurden sie durch ein zentrales Waffensteuersystem, das darüber hinaus die Radarwarnanlage, Täuschsender sowie Düppel- und Infrarot-Leuchtkörper-Abwurfanlage aktivierte.

Neben dem Jagdbomber setzten die Marineflieger den sogenannten ECR-Tornado ein, der speziell für Aufklärungszwecke konfiguriert war. Die Maschine verfügte zusätzlich über das Wärmebildgerät IIS, ein Emitter-Location-System ELS, das Forward Looking Infrared System FLIS, zwei optische Luftbildkameras und das Operational Data Interface ODIN.

Der erste geschwadereigene Tornado landete 1981 beim MFG 1 in Jagel. Es folgte 1986 die Umstellung auf das Waffensystem beim MFG 2 in Eggebek. Doch die Jetkomponente hatte nur rund zwei Jahrzehnte lang Bestand in der Marinefliegerei: Mit Wirkung zum 31. Dezember 1993 wurde das MFG 1 nach über 75 000 mit dem Tornado absolvierten Flugstunden in das MFG 2 integriert. Die 2003 getroffene Entscheidung, auch das MFG 2 aufzulösen, beendete die Jet-Fliegerei in der Deutschen Marine. Im Juni 2005 verließen die letzten beiden Maschinen den Standort Eggebek. Das MFG 2 wurde am 9. August 2005 nach rund 140 000 Tornado-Flugstunden offiziell außer Dienst gestellt.

Immenser Kostendruck innerhalb des Wehrhaushaltes sowie die Neuausrichtung der Bundeswehr nach dem Ende des Kalten Krieges waren die Gründe für diesen als sehr schmerzlich empfundenen Schritt. Bis heute wird die Aufgabe der als „scharfes Schwert" der Marine bezeichneten Jetkomponente in Fachkreisen kritisch gesehen. Die Aufgabe der Seekriegsführung aus der Luft innerhalb des Verteidigungskonzepts übernahm fortan die Luftwaffe. Ebenso die Tornados aus dem Bestand der Marineflieger.

Im Frühjahr 2020 gab das Verteidigungsministerium bekannt, ab 2025 mit der Beschaffung eines Nachfolgers für den mittlerweile über 40 Jahre alten Tornado zu beginnen. Spätestens bis 2030 soll der Kampfjet durch ein modernes Waffensystem ersetzt sein.

In Paradeaufstellung beim MFG 2.

Der Tornado wurde als das „scharfe Schwert" der Deutschen Marine bezeichnet.

Technische Daten	
Hersteller	Panavia Aircraft GmbH, Großbritannien, Deutschland, Italien
Typ	Panavia PA-200 Tornado
Erstflug	14. August 1974
Gebaut ab	1979
Stückzahl	992
Stückzahl Bundesmarine	112
Triebwerk	2 x Turbo Union RB.199-34R Mk.103 Turbofan Triebwerke
Leistung ohne Nachbrenner (kN)	43,8
Leistung mit Nachbrenner (kN)	76,8
Höchstgeschwindigkeit (km/h)	2230
Reichweite (km)	1389
Dienstgipfelhöhe (m)	15 240
Länge (m)	16,70
Höhe (m)	5,70
Spannweite (m)	13,90
Startmasse (kg)	28 500
Leermasse (kg)	14 500
Besatzung	2

Dornier Do 228 LM

Nahezu täglich sind die Do 228 LM in der Luft, dank einer Enteisungsanlage auch bei Minusgraden.

Sie zeigen nahezu täglich Präsenz am Himmel über der Nord- und Ostsee: die beiden Do 228 LM des MFG 3 „Graf Zeppelin". Die unübersehbare Aufschrift „Pollution Control" macht sofort klar, mit wem man es hier zu tun hat. Die zweimotorigen Öljäger überwachen die deutschen Seegebiete permanent und flächendeckend auf eventuelle Meeresverschmutzungen. Das Havariekommando in Cuxhaven erledigt diesen Job im Auftrag des Bundesverkehrsministeriums. Und da keine der beiden Zivilbehörden Flugzeuge betreibt, haben die Marineflieger die praktische Komponente übernommen.

Zu Beginn der 80er-Jahre zeichnete sich bei der Bundeswehr das Ende der Do 28-Ära ab und damit auch die Ausmusterung der beiden Öl-Dos bei der Marine. Hier versprach die Do 228, ein adäquater Nachfolger zu sein. 1986 begannen die Erprobungen mit einer Maschine als Sensorenträger. Wegen ihrer guten Flugleistungen sowie der beiden kräftigen und zuverlässigen Propellerturbinen erwies sich die Do 228 für die Öl-Überwachung als ideal geeignet.

Die Geschichte der Do 228 LM geht eng einher mit der zu Beginn der 70er-Jahre von Dornier entwickelten Flügelkonstruktion TNT. Diese wies eine neuartige aerodynamische Formgebung mit einem widerstandsarmen und auftriebssteigernden Profil auf. Das Gewicht konnte bei gleichzeitiger Erhöhung der Festigkeit verringert werden. Unter dem Strich eine Effizienzsteigerung um 25 Prozent bei gleichzeitiger Kostensenkung durch neue Fertigungsverfahren.

Auf der Grundlage des TNT-Patents konstruierte Dornier ab 1980 einen Nachfolger für die Do 28, der unter der Bezeichnung Do 228 am

21. März 1981 erstmals abhob. Es entstanden eine Lang- und eine Kurzversion, die Auslieferung der ersten Serienmaschine erfolgte im März 1982.

Dornier hatte die Rumpfstruktur der Do 28 Skyservant lediglich verlängert und dem Bug ein neues Gesicht gegeben. Auch die Leitwerkseinheit blieb bis auf Detailmodifikationen gleich. Die Hauptkomponenten wurden aus faserverstärkten Verbundwerkstoffen chemisch gefräst. Das einziehbare Fahrwerk, die Bremsen und die Bugradlenkung werden von einer Hydraulik gesteuert, die von einer elektrischen Pumpe versorgt wird. Ein System, das aus dem Alpha-Jet abgeleitet ist und bei Bedarf mittels einer Stickstoffflasche über einen Notkreis ein- und ausgefahren werden kann.

Als Antrieb fungierten zunächst zwei Turboprop-Triebwerke vom Typ TPE 331-5 des US-amerikanischen Herstellers Garrett AiResearch mit einer Startleistung von jeweils 714 PS. Ab der Variante Do 228-212 kamen die leistungsstärkeren Ausführungen TPE 331-5-252D und TPE 331-10 mit einer Startleistung von jeweils 776 PS zum Einsatz.

Dornier fertigte die Do 228 von 1981 bis 1998, bevor das Unternehmen 1996 von Fairchild Aviation und drei Jahre später von der Allianz-Tochter Clayton, Dubilier & Rice übernommen wurde. 2002 meldete das Unternehmen Insolvenz an. Seit 2009 wird das überarbeitete Baumuster unter Federführung der Schweizer RUAG Aviation wieder gebaut und weltweit vermarktet. Knapp 300 Do 228 sind bislang in verschiedenen Baureihen und ausgelegt auf unterschiedliche Nutzungszwecke produziert worden.

Die Planungs- und Ausrüstungsphase für die erste Do 228 LM der Marineflieger zog sich hin bis Ende 1991. Hierbei handelte es sich um eine Maschine der Baureihe 212 mit einem erhöhten maximalen Abfluggewicht. Die Zusatzbezeichnung LM steht für Luftüberwachung Meeresverschmutzung. Ihre Beschaffung kostete 28,1 Millionen D-Mark, mit 8 Millionen D-Mark schlug die Spezialausrüstung zu Buche. Das Luftfahrzeug erhielt große Teile der Sensorenausrüstung, die man den parallel ausgemusterten Öl-Do 28-D2 Skyservant entnommen hatte. Sie wurden mit Modifikationen in der Basisausrüstung, der Zelle und der Avionik an ihre Spezialaufgabe angepasst. Die zweite Maschine in der neuen NG-Ausführung stieß 1997 dazu. Beide Öljäger modernisierte man ab 2010 umfassend. Fünf Jahre später wurde die ältere Maschine ebenfalls durch eine NG-Variante ersetzt.

Allein durch die Präsenz der Öl-Aufklärer gingen illegale Schadstoffeinleitungen massiv zurück.

Für ihren Auftrag als Öljäger sind die beiden einzigartigen Turbopropellerflugzeuge mit Radar, Infrarot- und Ultraviolett-Sensoren sowie Mikrowellenradiometer, Fluoreszenz-Laser und Videokameras ausgerüstet. Damit können sie bei Tag und Nacht alle erdenklichen Verschmutzungen auf der Wasseroberfläche ausmachen. Doch allein ihre ständige Präsenz reicht aus, um die Be-

Wartungsarbeiten am Triebwerk zwischen den Aufklärungseinsätzen.

satzungen von Schiffen und Booten davon abzuhalten, auf See ihre Tanks zu spülen oder toxische Stoffe einzuleiten.

Herzstück ist das Side Looking Airborne Radar, kurz SLAR genannt. Es kommt zur Erkennung von Öl- und Schadstoffen auf große Distanzen zum Einsatz. Mit diesem Seitensicht-Radar können Verschmutzungen bis zu einer maximalen Distanz von beidseitig 40 Kilometern vom Flugzeug festgestellt werden. Dabei wird die durch Öl oder Chemikalien abnormal veränderte Wellenstruktur erkannt. Bei einem Verdachtsfall kommt anschließend die Nahbereichs-Messtechnik zum Einsatz. Dafür gibt es verschiedene miteinander korrespondierende Sensorensysteme. Mittels eines Infrarot/Ultraviolett-Linescanners werden auf Basis von Wärmeabstrahlung und Temperaturunterschieden von Wasser, Öl und Sauerstoff einerseits, durch das Reflexionsverhalten des Sonnenlichtes an der Wasseroberfläche andererseits, Verunreinigungen festgestellt. Ihre Ausdehnung in der Fläche wird erfasst und mittels einer Schichtdickenmessung kann die Menge bestimmt werden. Die feinen Sensoren sind in der Lage, den Typus der eingeleiteten Schadstoffe zu analysieren.

Wird ein verdächtiges Schiff ausgemacht, so leiten die Piloten ein standardisiertes Manöver zur Dokumentation der Lage ein. Alle Messdaten

Rechts: Die Öljäger des MFG 3 sind randvoll mit modernster elektronischer und digitaler Aufklärungstechnologie bestückt.

werden zur lückenlosen Beweissicherung digital aufgezeichnet. Ein Video- und Kamerasystem mit Infrarot-Modus sowie handgeführten Foto- und Filmkameras halten das Szenario optisch fest. Anschließend wird das Maritime Lagezentrum des Havariekommandos informiert, das die weiteren notwendigen Schritte einleitet und üblicherweise die Wasserschutzpolizei oder die Küstenwache alarmiert.

Übrigens: Klassische Armaturen sucht man im Cockpit der Do 228 LM vergebens. Alle erforderlichen Daten und Funktionen für die Kommunikation und Navigation, die Avionik und die

Bis zu acht Stunden kann die Do 228 LM in der Luft bleiben.

Triebwerke haben die beiden Piloten auf verschiedenen gutablesbaren Farbdisplays im Blick. Electronic Flight Instrument System, kurz EFIS, heißen diese konfigurierbaren Displays. Neben den aktuellen Flugdaten wie Kurs, Geschwindigkeit, Höhe, Steig- oder Sinkrate liefert das digitale System außerdem Warnmeldungen sowie Sensorendaten, die der Operator von seiner COC ins Cockpit spielen kann.

Zur Luftflotte des MFG 3 gehörten ab 1996 neben den Öljägern zwei Dornier Do 228 in der Ausführung LT, was für Lufttransport steht. Sie übernahmen Verbindungs- und Transportaufgaben. Ihr durchgängiger Laderaum – 7 Meter lang und 1,35 Meter breit – bot Platz für 19 Passagiere. Waren die Sitze entfernt, konnten die LTs durch ihre großen Frachttüren je nach getankter Kraftstoffmenge bis zu zwei Tonnen Ladung aufnehmen. Bereits nach zehn Jahren wurden sie außer Dienst gestellt und verkauft.

Honeywell TPE331-10GP/GT-511D Turboprop-Triebwerk mit 776 PS Leistung.

Mittels Radar, Laser und Sensoren kann die Besatzung jede Verschmutzung auf der Wasseroberfläche entdecken.

Technische Daten

Hersteller	Dornier GmbH
Typ	Dornier Do 228 LM
Erstflug	21. März 1981
Gebaut ab	1981
Stückzahl	270
Stückzahl Bundesmarine	3 + 2 LT
Triebwerk	2 x Garrett TPE 331-10, Turboprop- Triebwerke
Leistung (kW/PS)	2 x 571/776
Höchstgeschwindigkeit (km/h)	433
Reichweite (km)	2965
Dienstgipfelhöhe (m)	7600
Länge (m)	16,56
Höhe (m)	4,86
Spannweite (m)	16,97
Startmasse (kg)	6600
Leermasse (kg)	4490
Besatzung	3

NH 90 NTH Sea Lion

Er ist das jüngste Mitglied in der weitläufigen Familie der Marineflieger: der NH 90 NTH Sea Lion.

Am 27. Mai 2020 übernahmen die Marineflieger offiziell die ersten drei Mehrzweckhubschrauber vom Typ NH 90 NTH Sea Lion vom Bundesamt für Ausrüstung, Informationstechnik und Nutzung der Bundeswehr. Das Kürzel NTH steht dabei für Naval Transport Helicopter. 15 weitere Exemplare sollen bis 2022 folgen. Eine Investition mit einem Gesamtvolumen von knapp 1,4 Milliarden Euro, mit welcher der 1975 eingeführte Sea King Mk 41 abgelöst wird.

Der NATO-Helicopter 90 ist ein Transporthubschrauber in der Gewichtsklasse von 9 bis 13 Tonnen, der von dem internationalen Industriekonsortium NH Industries entwickelt wurde. Ziel war es, einen Standardhubschrauber für die NATO-Mitgliedstaaten bereitzustellen, der eine Plattform für viele verschiedene Einsatzarten bildet. Als leichter allwetter- und nachtflugtauglicher Mehrzweckhubschrauber für Heer und Marine besitzt der NH 90 ein modulares Konzept, das mit rollenspezifischer Ausrüstung an unterschiedlichste Missionen angepasst werden kann. Am 18. Dezember 1995 hob der erste Prototyp zum Erstflug ab, vier Jahre später startete die Marine-Ausführung zu ihrem Jungfernflug.

Die ursprüngliche Version für die Seestreitkräfte und den schiffsgestützten Einsatz als Bordhubschrauber erhielt die Bezeichnung NATO Frigate Helicopter, zu Deutsch NATO-Fregattenhubschrauber oder kurz NFH. Ab 2010 wurde das Baumuster an die Niederlande und Frankreich ausgeliefert. Aus dieser Variante leitete man für die Deutsche Marine den Naval Transport Helicopter Sea Lion ab.

Bei der Herstellung des Rumpfs wird überwiegend auf Faserverbundwerkstoffe auf Kohlenstofffaser-Basis zurückgegriffen, lediglich hoch beanspruchte Teile entstehen aus Metall. Auf diese Weise wird das eigene Radarecho deutlich reduziert und erheblich Gewicht eingespart. Das Thema Sicherheit spielt eine große Rolle: So übersteht die Zelle mit ausgefahrenem Fahrwerk Abstürze mit einer Sinkrate von 10,6 Metern pro Sekunde, wobei sie sich kontrolliert verformt und der Besatzung bestmöglichen Schutz bietet.

Sämtliche Systeme des Sea Lion sind digital gesteuert und überwacht. Die Dateneingaben des Piloten werden über eine vierfach redundante Fly-by-Wire-Technologie an den Flug- sowie den Aktuator-Kontrollcomputer übermittelt. Der Autopilot arbeitet komplett rechnergestützt. Ein manuelles Eingreifen des Flugzeugführers ist während des Marsch- und Schwebeflugs nicht erforderlich. Das integrierte Navigationssystem vernetzt GPS, einen Laserkreisel und einen Entfernungsmesser.

Für das maritime Umfeld ist der NH 90 NTH mit einer umfangreichen Sensorik ausgestattet. Dazu gehören ein 360-Grad-Seeraum-Überwachungsradar, ein elektrooptisches System mit Video-Kamera und Infrarotsensor sowie ein Laserentfernungsmesser. Eine Anlage zur Erfassung und Identifizierung von elektromagnetischen Ausstrahlungen einschließlich der Radarwarnfunktion ist ebenfalls vorhanden. Die taktische Konsole verarbeitet die Sensordaten und tauscht diese mit anderen Schiffen und Flugzeugen der Flotte aus.

Als Antrieb fungieren zwei Wellenturbinen vom Typ Turbomeca RTM 322-01/9, bei denen eine zweistufige Niederdruckturbine auf die Abtriebswelle wirkt. Das Triebwerk wurde von Rolls-Royce speziell für die Verwendung in Helikoptern entwickelt. Es leistet 2417 PS und ermöglicht beim

Seine Heimatbasis ist das MFG 5, doch kann der Sea Lion ebenso von den Flugdecks aller Schiffe der Deutschen Marine aus operieren.

NH 90 in doppelter Bestückung eine maximale Geschwindigkeit von 296 Stundenkilometern.

Als Schutzkomponenten werden an Bord der Marine-NH 90 Chaff- sowie Flare-Täuschmittel genutzt. Für die Abwehr gegnerischer Angreifer sind zwei schwere Maschinengewehre M3M mit wenigen Handgriffen einrüstbar.

Primäre Aufgabe des Sea Lion ist der SAR-Einsatz, der maritime Such- und Rettungsdienst. Darum gehören eine hydraulische Rettungswinde und eine spezielle medizinische Ausstattung zur Grundausrüstung des NH 90 NTH. Er wird außerdem für taktische Transportaufgaben von Personal und Material, Seeraumüberwachung, Evakuierungen und zum Boarding von Spezialeinsatzkräften genutzt. Bis zu 17 Personen finden im Sea Lion Platz. Der Helikopter kann landgestützt oder von Bord eines Einsatzgruppenversorgers der „Berlin"-Klasse operieren. Er besitzt eine Harpune, um sich auf Flugdecks von Schiffen zu sichern, außerdem einen automatisch faltbaren Rotor zum Parken im Bordhangar. Zum Jahresbeginn 2021 befanden sich weltweit

Rechts:
Als Bewaffnung können Torpedos vom Typ MU90 oder Wasserbomben mitgeführt werden.

430 NH 90-Hubschrauber mit bis dahin über 270 000 geleisteten Flugstunden im Einsatz. Davon waren 100 Marinehubschrauber, die mehr als 70 000 Flugstunden bei Such- und Rettungseinsätzen, humanitären und militärischen Operationen unter der Flagge sechs verschiedener Nationen absolviert hatten.

Überwasserkontakte werden mittels 360°-Radar, elektrooptischen Sensor und einer Infrarotkamera aufgeklärt.

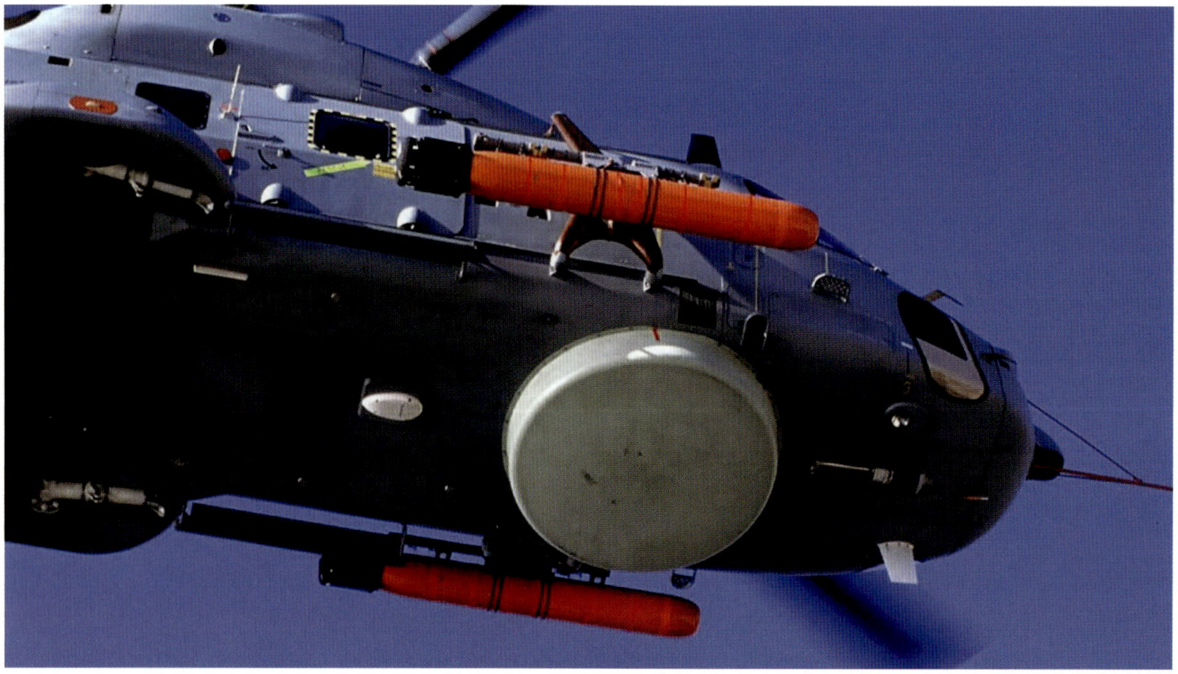

Ein integriertes Überwachungs- und Diagnosesystem überwacht im Flug alle wichtigen Parameter.

Rechts:
Die Notschwimmeranlage hält den Sea Lion bis zu einer Wellenhöhe von 2,50 Metern sicher über Wasser.

Mit dem Sea Lion besitzt die Deutsche Marine einen multifunktionalen und zukunftsfähigen Hubschrauber.

Technische Daten	
Hersteller	NH Industries, Deutschland, Frankreich, Italien, Niederlande
Typ	NH 90 NTH Sea Lion
Erstflug	18. Dezember 1995
Gebaut ab	2001
Stückzahl	ca. 400 (10/2019)
Stückzahl Bundesmarine	8 (2020, geplant 18)
Triebwerk	2 x Rolls-Royce Turbomeca- Wellenturbinen RTM 322-01/9
Leistung (kW/PS)	2 x 1662/2260
Höchstgeschwindigkeit (km/h)	296
Reichweite (km)	980
Dienstgipfelhöhe (m)	6000
Länge (m)	16,13
Höhe (m)	4,20
Durchmesser Hauptrotor (m)	16,30
Durchmesser Heckrotor (m)	3,20
Startmasse (kg)	11 400
Leermasse (kg)	6400
Besatzung	3 + 14 Passagiere

MARINEFLIEGER – HERAUSFORDERUNGEN UND PERSPEKTIVEN

Kapitän zur See Thorsten Bobzin ist seit Sommer 2018 Chef der Marineflieger.

Blue Sea – Grey Skies. So oder ähnlich könnte das Motto lauten, welches alle Phasen der deutschen Marinefliegerei zusammenfasst. Vom Zeppelin bis zum unbemannten SEA FALCON, den wir gerade einführen. Denn es sind weniger die Luftfahrzeuge und Hubschrauber, die uns prägen, sondern die Umgebung, in der wir unseren Auftrag erfüllen.

Von Nord- und Ostsee über den Nordatlantik und zunehmend wieder in das Nordmeer. Im Rahmen der mandatierten Einsätze aber genauso im Mittelmeer und dem Golf von Aden bis hinein in den Indischen Ozean. Absehbar wird der Anspruch, weltweit operieren zu können, auch wieder durch eine Präsenz bis in den Pazifischen Raum untermauert werden. In all diesen Seegebieten operieren wir in einem äußerst anspruchsvollen Umfeld, trotzen den Winterstürmen und der rauen See vor Norwegen genauso wie Sandstürmen und höchsten Temperaturen am Horn von Afrika.

Der Dienst an der Schnittstelle der Domänen See, Luft und Land bedingt eine sonst nirgends erlebbare Aufgabenvielfalt. Die Bordhubschrauber sind verlängerter taktischer Arm ihrer Schiffe, Rettungs- und Transportmittel. Wie auch die Seefernaufklärer unterstützen sie jede Seekriegsart und sind wesentlich für Auftragserfüllung und Durchsetzungsfähigkeit der fahrenden Flotte. Hubschrauber der Marineflieger übernehmen den Such- und Rettungsdienst vor Deutschlands Küsten, DO228 der Marineflieger tragen mit ihrer Ölüberwachung im Auftrag des BMVI erheblich

zum Umweltschutz in deutschen Küstengewässern bei. Die Seefernaufklärer sind auf den ersten Blick nicht so eng an die Flotte gebunden wie Bordhubschrauber. Um erfolgreich operieren zu können, muss jedoch gegenseitiges Vertrauen und tiefe Verfahrenskenntnis bestehen. Gleichzeitig wird hier die Schnittstelle zu Land- und Luftstreitkräften besonders deutlich. Und während es in Heer und Luftwaffe viele Systeme und Verbände mit hoher Spezialisierung gibt, sind die Marineflieger eher „Mädchen für alles".

Und wenn Umgebung und Auftrag in dieser Weise den Rahmen vorgeben, sind es die Menschen, die Geschichte und die Geschichten schreiben, die den Unterschied machen. Die Marineflieger hatten von jeher den Anspruch, ihren Auftrag irgendwie umzusetzen. Sie waren stets die letzten, die auch in schlechtestem Wetter und unter den ungünstigsten Rahmenbedingung noch flogen. So ist unser Selbstverständnis auch

Die aktuelle Luftflotte der Marineflieger und das unverzichtbare Personal am Boden, symbolisch mittels digitaler Bildbearbeitung in Szene gesetzt.

heute noch – sicher für das Personal, aber stets kreativ und findig zur Auftragserfüllung.

Um in diesem Umfeld bestehen zu können, müssen sich die Marineflieger rasch auf neue Situationen einstellen können. Das wollen wir auch strategisch. Sowohl mit den Systemen, die wir einführen, als auch einem sparsamen Ansatz personeller und logistischer Ressourcen, mit Digitalisierung, einer modernen Ausbildung und strukturellen wie konzeptionell taktischen Anpassungen. Stets einen Schritt voraus, stets einen Schritt mehr machend, um auch künftig erfolgreich zu sein.

Gerade jetzt stehen die Marineflieger vor einem ihrer größten Umbrüche. Innerhalb der nächsten fünf Jahre werden alle ihre Waffensysteme ersetzt oder wesentlich modernisiert, während neue hinzukommen. Der Generationenwechsel von SEA KING zum NH90 SEA LION hat bereits begonnen. Mit der Entscheidung, auch den SEA LYNX durch einen NH90 – den SEA TIGER – abzulösen, wächst die NH90-Flotte der Marineflieger in den kommenden Jahren auf 48

Der Bordhubschrauber NH 90 Sea Tiger wird mittelfristig die Sea Lynx-Flotte auf den Fregatten ablösen.

Die unbemannte Drohne Sea Falcon – UMS Skeldar V-200 lautet die technische Bezeichnung – wurde im Herbst 2020 als erste Drohne ihrer Art von der Marine auf der Fregatte „Braunschweig" erprobt.

Hubschrauber. Sensoren, aber auch Effektoren wie weitreichende Seezielflugkörper werden das Einsatzspektrum dieser Hubschrauber nochmals erweitern und der Marine insgesamt neue Möglichkeiten bieten. Mit dieser Flottengröße und Aufgabenbreite wächst auch der Bedarf an Schulungskapazitäten. Die Marine plant dazu im Rahmen eines streitkräftegemeinsamen Projektes Ausbildungshubschrauber auszubringen, die als Bindeglied zwischen Basisschulung beim Heer und der komplexen Aufgabe im Waffensystem NH90 dienen. Zeitgleich soll mit ihnen eine zeitgemäße, kostengünstige, aber vor allem effektive und moderne Ausbildung gewährleistet werden.

Mit dem SEA FALCON wird zudem aktuell die erste größere Drehflügler-„Drohne" in die Marine eingeführt. Wird sie zunächst nur den Aufklärungshorizont der Korvetten K130 erweitern, bedeutet dies den Einstieg in die unbemannte Fliegerei, die als Ergänzung zu den neuen Bordhubschraubern und künftigen Seefernaufklärern bereits nach heutigen Planungen in vielen Feldern ausgebaut werden soll. Wesentliche Weichenstellungen sind auch für den Fähigkeitserhalt in der Seefernaufklärung erforderlich. Mit Abbruch der Modernisierung der P-3C ORION wird jetzt mit Hochdruck an der Realisierung einer geeigneten Übergangslösung gearbeitet. Bereits 2025 soll für den Zeitraum von rund zehn Jahren insbesondere die Fähigkeit zur luftgestützten U-Boot-Jagd, aber auch zur Aufklärung für mandatierte Einsätze fortgeschrieben werden. Dann, ab 2035 soll diese Aufgabe durch das Maritime Airborne Warfare System übernommen und ausgebaut werden.

Mit jedem neuen Waffensystem, mit Änderungen in Kommunikation, Digitalisierung und Sensorik müssen und werden sich die Marineflieger anpassen. Zwei Dinge ändern sich nicht: Das Selbstverständnis, fliegender Teil der Flotte zu sein und die Umgebung, die uns prägt. Auf beides sind wir stolz.

Kapitän zur See
Thorsten Bobzin
Kommandeur der Marineflieger

Zunehmend komplexer werdende Technik erfordert qualifiziertes und motiviertes Personal auch am Boden.

Auch in Zukunft werden die Marineflieger ihre Rolle bei mandatierten Auslandseinsätzen – hier bei der Operation „Atalanta" am Horn von Afrika – professionell wahrnehmen.

Das aktuell im Prozess der Einführung befindliche Waffensystem Sea Lion leitet einen umfassenden Generationenwechsel in der Hubschrauberflotte ein.

AERONAUTICUM – Deutsches Luftschiff- und Marinefliegermuseum in Nordholz

Das AERONAUTICUM aus der Vogel-, nein aus der Fliegerperspektive.

Nordholz ist die Heimat der Marineflieger. 1912 entstand hier ein Luftschiffplatz mit riesigen Hangars und Hallen. Während des Ersten Weltkriegs waren darin 42 Zeppeline stationiert, die zu Bombeneinsätzen und Aufklärungsflügen starteten. 1935 begann die Luftwaffe, das zwischenzeitlich brachliegende Areal zu einem Fliegerhorst auszubauen. Seit 1964 ist Nordholz der Standort der Marineflieger der Bundewehr. Heute sind hier die Seefernaufklärer Lockheed P-3C Orion, die Ölaufklärungsflugzeuge Do 228 sowie Hubschrauber der Typen Westland Sea King, Sea Lynx und NH

90 Sea Lion der Marinefliegergeschwader 3 und 5 der Deutschen Marine stationiert.

Unmittelbar neben dem Eingangsbereich zu dem riesigen Militärareal befindet sich das AERONAUTICUM, das Deutsche Luftschiff- und Marinefliegermuseum. In diesem einzigartigen Museum kann man die Geschichte der Luftschifffahrt und der Marineflieger anschaulich erleben. Mehr als ein Dutzend ausgemusterte Flugzeuge sind im Außenbereich ausgestellt: Starfighter, zwei Tornados und eine imposante Breguet Atlantic. Verschiedene Hubschrauber und Klassiker der Luftfahrt wie die Sea Hawk, die Fairey Gannet oder eine einstige Regierungsmaschine vom Typ VFW 614. Hinzu kommen mehrere fliegende Einheiten, die bei der DDR-Volksmarine im Einsatz waren.

Im Innenbereich werden zwei Dauerausstellungen gezeigt: „Fliegen schwerer als Luft" bildet facettenreich die technische und historische Entwicklung der See- und Marineflieger von 1913 bis in die Neuzeit ab. „Fliegen leichter als Luft" zeigt die Geschichte der Luftschiffe mit zahlreichen historischen Exponaten, Dioramen, Dokumenten und Bildern. Einen besonderen Schwerpunkt bilden dabei die Starrluftschiffe vom Typ Schütte-Lanz, der Marineluftschiffplatz Nordholz im Ersten Weltkrieg, Zeppeline im Krieg und ihre zivile Nutzung ab den 20er-Jahren.

In einem separaten Hangar auf dem Museumsgelände wird seit 2012 ein einzigartiges Projekt realisiert: die Restaurierung einer 1944 gebauten Arado 196. Hierbei handelt es sich um ein ehema-

Originalgetreue Replik der Kommandogondel eines Marineluftschiffs.

Einen großen thematischen Schwerpunkt bildet die Historie der Marine-Luftschifffahrt.

liges Bordflugzeug des Schweren Kreuzers „Prinz Eugen" der Kriegsmarine. Es wird von den ehrenamtlich arbeitenden Mitgliedern eines Fördervereins und in enger Abstimmung mit der Marine von Grund auf neu aufgebaut. Mit etwas Glück kann man den Flugzeugenthusiasten während eines Besuchs im AERONAUTICUM bei der Arbeit über die Schultern schauen.

Den inhaltlichen Grundstein des von einem Förderverein getragenen Deutschen Luftschiff- und Marinefliegermuseums legten bereits seit 1924 die Mitglieder der „Marine-Luftschiffer-Kameradschaft", die eine Vielzahl von Erinnerungsstücken und Archivalien bewahrten und detailliert die Geschichte ihres Einsatzes im Ersten Weltkrieg dokumentierten. Akribisch wurden alle verfügbaren Informationen, Archivalien, Fotos und Realien zusammengetragen. So entstand bis in die 90er Jahre ein unvergleichlicher Wissensschatz, der heute eine tragende Säule der Museumssammlung bildet.

Bei der Gründung des AERONAUTICUM 1997 wurde die Tradition der Marine-Luftschifffahrt und des historischen Bodens am Standort Nordholz um die thematische Ausrichtung der gesam-

Das einstige Bordflugzeug des Schweren Kreuzers „Prinz Eugen" wird in einem separaten Hangar restauriert.

Mit der Sea Hawk begann das Jet-Zeitalter bei den Marinefliegern.

Die Suchoi SU-22M4 repräsentiert die Jetkomponente der Volksmarine.

ten deutschen Marinefliegerei umfangreich erweitert. Sie umfasst deren Geschichte innerhalb der Kaiserlichen Marine, der Reichs- und Kriegsmarine, der Bundesmarine, der Volksmarine der DDR und der Deutschen Marine.

Was erwartet die Museumsbesucher? Sie bekommen Einblicke und Antworten auf spannende Fragen: Wie wurde ein Luftschiff gebaut? Welchem Zweck diente ihr Einsatz im Ersten Weltkrieg? Welche Schicksale und Geschichten stecken hinter einhundert Jahren Marineluftfahrtgeschichte? Welche Aufgaben haben Marineflieger? Wie sieht ein Marinehubschrauber von innen aus? Wie reisten Vertreter der Bundesregierung in den 80er Jahren? Das und vieles mehr wird anschaulich beantwortet.

Das AERONAUTICUM legt dabei besonderen Wert darauf, ein Museum „für alle" zu sein. Das heißt, nicht nur das Fachpublikum soll das Haus zufrieden und gut informiert verlassen, sondern auch die vielen „Laien" bekommen auf verständliche Weise Einblicke in die Marineluftfahrt. Ergänzend zur Dauerausstellung zeigt das AERONAUTICUM regelmäßig Sonderausstellungen mit inhaltlichem Bezug zu den Museumsthemen. Außerdem runden Sonderaktionen und Veranstaltungen das Museumsangebot ebenso ab wie der Kinderspielplatz, das Museumscafé und der gut bestückte Museumsshop.

Kontakt und Info
www.aeronauticum.de

Bristol B 171 Sycamore Mk 52. Der erste SAR-Hubschrauber der Bundesmarine.

Markante Gesichter: Breguet Atlantic und Fouga Magister.

Verfahrenstrainer der Breguet Atlantic zur Schulung der taktischen Besatzungen der Seefernaufklärer.

Der Autor

Ulf Kaack, 1964 in Neumünster geboren, lebt und arbeitet im niedersächsischen Dorf Möhlenhof südlich von Bremen. Er ist Journalist und Autor von über 50 Büchern. Seine bevorzugten Themen entstammen der Luft- und Seefahrt, der historischen Landtechnik sowie der Automobilgeschichte. Aus seiner Feder stammen verschiedene maritime Titel über die Geschichte der Reichs- und Kriegsmarine, der Deutschen U-Boot-Waffe, der Bundesmarine, der Deutschen Marine, der Volksmarine der DDR und der Marineflieger. Er hat die Historie der „Gorch Fock" und ihrer Schwesterschiffe untersucht und sich in mehreren Bänden detailliert den Rettungseinheiten der Deutschen Gesellschaft zur Rettung Schiffbrüchiger gewidmet. 2012 wurde Ulf Kaack für sein Werk „Borgward – Das Kompendium" auf der Frankfurter Buchmesse mit dem ADAC-Autobuch-Preis ausgezeichnet. Er ist zudem als Autor für Fachzeitschriften, Magazine und Zeitungen innerhalb der eingangs genannten Genres regelmäßig tätig.

Zum Schluss ein herzliches Dankeschön ...

... zu allererst natürlich an meine Gesprächspartner, die breitwillig und geduldig über ihre Erlebnisse berichteten: Fregattenkapitän a.D. Wulf Beeck, Vizeadmiral a.D. Hendrik Born, Fregattenkapitän a.D. Ulrich Cramer, Fregattenkapitän a.D. Dieter Flohr, Oberfeldwebel a.D. Hinrich Kaack, Flottillenadmiral a.D. Wolfgang Kalähne, Fregattenkapitän a.D. Rainer Mecklenburg, Konteradmiral a.D. Michael Mollenhauer, Kapitänleutnant a.D. Hermann Neuber, Kapitänleutnant a.D. Ernst-Werner Pohl, Kapitän zur See a.D. Lothar Pollit, Fregattenkapitän a.D. Wolf Eberhard Ramin, Fregattenkapitän a.D. Karl Friedrich Schinkel, Kapitänleutnant a.D. Wilhelm Schlobinski, Fregattenkapitän a.D. Ernst-A. Schneider Kapitänleutnant a.D. Achim Thamm, Kapitän zur See a.D. Eduard Wismeth und Flottillenadmiral a.D. Kurt Ziebis. Außerdem bei den aktiven Marinefliegern

Fregattenkapitän Markus Gawlitza, Stabsbootsmann Mirco Hensen und Fregattenkapitän Heiko Millhahn. Und – last but not least – an Kapitän zur See Thorsten Bobzin, den Kommandeur der Marineflieger, für die Unterstützung und seinen Ausblick auf die Zukunft der Marinefliegerei bei der Deutschen Marine.

Herzlichen Dank an die wissenschaftliche Leiterin Dr. Anja Dörfer, den Archivar Peter Brandt und den Sammlungsleiter des Archivs Alexander Cordes vom AERONAUTICUM in Nordholz sowie Mareike Kruse und Stabsbootsmann Sascha Jonack vom Marinekommando PIZ, Außenstelle Nordholz. Die langjährige Zusammenarbeit klappte einmal mehr perfekt.

Gedankt für die Unterstützung dieses Buchprojekts sei weiterhin Alexander Burden, Edgar Fischer, Jürgen Kuhlmann, Peter Kurze, Ralf Michel, Manuel Miserok und Woldemar Triebel.

Ulf Kaack
Möhlenhof, im Februar 2021

Kennen Sie schon unsere FMT?
Die führende Flugmodellbau-Fachzeitschrift

ighlights der aktuellen Ausgabe

est: Helios von aero-naut
190 g Abfluggewicht, 2,5 m Spannweite, vier lappen – dabei aus Holz gebaut und komplett nade in Germany: Der neue Elektrosegler Heos von aero-naut verspricht erst in der Werkatt und danach in der Thermik viel Freude. Ob den Erwartungen gerecht wird? Das klären ir im Test der FMT 03/2021.

Bauplanbeilage: Canadair CL-215
Der nächste Sommer kommt bestimmt! Jetzt ist die Zeit, um sich das passende Modell zu bauen: mit der Bauplanbeilage der FMT 03/2021, der Canadair CL-215. Für die Depron-Zweimot gibt's im VTH-Shop sogar einen Komplettbausatz.

Porträt: Jakowlew UT-1
Warbirds, die mal nicht Corsair, Mustang oder Messerschmitt heißen: Holger Dinauer und Peter Heilmann haben sich aus FMT-CAD-Daten zwei Jakowlew UT-1 aufgebaut. Über ihr Bauprojekt berichten sie in der nächsten Ausgabe der FMT.

3 AUSGABEN FÜR NUR 3€
unter www.vth.de/fmt-leseprobe

JETZT REINSCHNUPPERN UND LESEPROBE SICHERN!

Jetzt informieren!

07221 - 5087-22
07221 - 5087-33
service@vth.de
www.vth.de/shop
vth_modellbauwelt
VTH neue Medien GmbH
VTH & FMT
VTH Verlag

Luftwaffe: Notlandungen in Dänemark | Das große Museum in Hermeskeil | News
der Luftfahrt
Air-to-Air-POSTER North American T-6
Museum Ankara | Neuigkeiten aus der historischen Luftfahrt | P-51-Einsatzbericht
Klassiker der Luftfahrt
Motor Vierfach-Stern Wasp Major
Das Magazin für Luftfahrtgeschichte
04|2021
Die ersten Fallschirme
Absprung für die Forschung
Junkers Ju 87 G
Das Ende der Stukas
Trainer North American Yale
So fliegt sich der wuchtige Oldie
50 Jahre Grumman F-14 Tomcat
Die legendäre Katze
Schwimmerflugzeug Aichi E13A
Japans Topaufklärer auf See
Beuteflugzeuge Teil III
Deutsche Zerstörer in der Sowjetunion
Lockheed F-104-Galerie
Tarnung und Lackierungen
Unfallanalyse
Tödliche Fehler beim Ju-Absturz in den Alpen
Deutschland 6,50 €
Fliegende Legenden
Jetzt zwei Ausgaben gratis testen!
www.klassiker-der-luftfahrt.de/probelesen